iPad + Procreate

室内设计手绘表现技法

陈立飞 编著

人民邮电出版社

北京

图书在版编目（CIP）数据

iPad+Procreate室内设计手绘表现技法 / 陈立飞编
著. -- 北京 : 人民邮电出版社，2021.6
ISBN 978-7-115-55000-2

Ⅰ. ①i… Ⅱ. ①陈… Ⅲ. ①图像处理软件—教材
Ⅳ. ①TP391.413

中国版本图书馆CIP数据核字(2020)第190278号

内 容 提 要

这是一本全面讲解 iPad 室内设计手绘表现技法的专业教程。全书共 14 章，第 1 章
是 iPad 室内设计手绘概述，第 2 章讲解的是 Procreate 的操作技巧，第 3 章和第 4 章分
别讲解了透视知识和材质表现技法，第 5～13 章分别讲解了单体、组合家具、单色和彩
色空间效果图、不同功能空间的效果图、夜景效果图、平/立面图、鸟瞰图、平面图转
空间效果图、毛坯房与方案改造效果图的绘制技法，第 14 章展示了一些优秀的 iPad 室
内设计手绘作品。为方便读者学习，本书附赠案例所用的笔刷和部分案例的讲解视频。

本书适合室内设计师和室内设计专业的学生阅读，也可以作为室内设计手绘培训机
构的教材。

◆ 编　　著　陈立飞
　　责任编辑　王振华
　　责任印制　马振武

◆ 人民邮电出版社出版发行　　北京市丰台区成寿寺路 11 号
　　邮编　100164　　电子邮件　315@ptpress.com.cn
　　网址　https://www.ptpress.com.cn
　　北京瑞禾彩色印刷有限公司印刷

◆ 开本：690×970　1/16
　　印张：13.25　　　　　　　　2021 年 6 月第 1 版
　　字数：336 千字　　　　　　2024 年 10 月北京第13次印刷

定价：89.90 元

读者服务热线：(010)81055410　印装质量热线：(010)81055316
反盗版热线：(010)81055315
广告经营许可证：京东市监广登字 20170147 号

前言

　　室内设计行业已经步入高效、高质的时代，因此对室内设计师的工作效率提出了更高的要求，在校的室内设计专业学生也需要学习更有效率的技能，才能更好地适应社会发展。iPad 手绘具有快（绘图速度快）、好（绘图质量好）、少（减少烦琐的设计软件操作）、省（节省时间成本）的特点，作为一种新的绘画创作方式，已经被很多设计师和插画师认可。

　　本书以笔者 10 年的室内设计手绘经验为基础，结合 iPad 室内设计手绘教学成果，针对室内设计的实际工作需求编写而成。全书内容系统、完整，由易到难，能够满足不同层次的读者学习。通过学习本书，相信初学者不再畏惧或排斥手绘，可以更高效、更高质地完成设计工作，做出更实用、更富有创意的室内设计方案。

　　iPad 手绘的特点是不用尺子慢慢描绘、不用建模、不用打铅笔稿、不用马克笔、不用纸张，就能快速绘制出照片级的室内设计效果图。

　　作为一名教师，笔者深知针对性教学对提高教学成效起着至关重要的作用。为了读者能更加高效地学习，本书附赠案例用到的所有笔刷和部分案例的教学视频。希望通过本书能将笔者多年的手绘经验传授给更多的学习者。

　　由于本人能力水平有限，书中难免会有疏漏，敬请广大读者批评指正并提出宝贵的意见。

编者

目录

|目录

┃目录

第 1 章

iPad 室内设计手绘概述

1.1 iPad 手绘与传统纸面手绘和计算机 效果图的区别

从下面的图中可以看出：iPad 手绘效果图、传统纸面手绘效果图和计算机效果图都能展示设计理念，但是又各有不同。

在艺术特点上，计算机效果图表现得更逼真，传统纸面手绘更生动、概括，iPad 手绘效果图则处于二者之间，既有真实的一面，又能画出生动的线条和概括性的效果。

在表现速度及特点上，计算机效果图的绘制速度相对较慢，但可以反复修改，比较适合方案定稿的呈现，如果遇到一些异形的体块和造型，在建模或者渲染的时候，出图需要更长的时间。传统纸面手绘出图快，比较适合勾勒设计方案，也可以用于正式方案投标，并且不受表现形式的限制。iPad 手绘效果图修改方便，也不受复杂的形体限制。

在设计理念和能力的培养上，计算机效果图虽可以帮助设计师理解物体的穿插结构，但由于其绘制速度较慢，影响设计师的思维连续性，因此不适合表达设计创意。传统纸面手绘可以帮助设计师构建三维立体的能力，并且在快速勾勒时可激发设计师的灵感，保持思维连续性。iPad 手绘效果图可以使设计师快速准确地建立三维立体表达能力，即使没有手绘基础也可以快速勾勒出图，设计师不会因为没有手绘基础而使思维停滞不前。

由此可见，计算机效果图的特点是真实、准确，绘制速度较慢，易于反复修改，不适合表达创意；传统纸面手绘效果图的特点是生动、概括，绘制速度较快，不宜反复修改，适合表达创意；iPad 手绘效果图的特点是生动、概括，形体比例准确，绘制速度较快，可以反复修改，适合表达创意。

iPad 手绘效果图

传统纸面手绘效果图

计算机效果图

因此，iPad 手绘效果图的最大优势在于能够激发设计师的灵感，并且能够表达设计师的设计语言。其特点可以总结为快（绘图速度快）、好（绘图质量好）、少（减少烦琐的设计软件操作）、省（节省时间成本）。

1.2 iPad 手绘的作用和意义

设计师在和客户沟通方案或去现场勘查时，如果带着一大堆签字笔、马克笔或者抱着一块厚厚的数位板，甚至还要带上笔记本式计算机，是非常不方便的。但要是有一个 iPad 和一支 Apple Pencil，那么就可以拍摄出毛坯房的照片，然后在照片上画出效果图，以最快的速度把设计想法勾勒出来呈现给客户，以此来打动客户，提高设计师的工作效率。

iPad 手绘介于手绘草图与3D效果图之间，它既有草图的效果，又能直观地表现出灯光和材质，而且不需要用计算机进行渲染就能快速出图。如今很多设计院和高端的设计公司都在运用 iPad 进行创作，所以 iPad 手绘将逐渐成为设计工作者和在校专业学生所必须掌握的一项专业技能。

▌1.3 iPad 手绘与数位板绘画的区别

一般的数位板不能直接显示所画的内容，需要连接计算机后通过计算机屏幕观看，画和看不一致，不是很方便。

用 iPad 可以直接在屏幕上绘画，不用连接计算机，所画的内容直接在屏幕上显示，而且 iPad 非常便于携带。不过相对于一般的数位板而言，iPad 的价格较高。

使用 iPad 还可以快速画出平面图、立面图、鸟瞰图，基本能够媲美 CAD（但是 iPad 画不了施工图），随着技术的不断进步，iPad 手绘无疑会成为一种重要的创作方式。

1.4 iPad 手绘工具介绍

工欲善其事，必先利其器。选择一款合适的 iPad 能大大提高设计师的设计效率。下面是有关 iPad 手绘工具的大致介绍。

1.4.1 iPad 的选购

如今，iPad Air（第三代）、iPad mini（第五代）、iPad（第六代、第七代）、iPad Pro 等都是可选购的，在这里不做太多介绍。初学者也可以选购新款的 iPad，只要能满足设计和绘图需求即可。

2017 款 iPad Pro　　　　　　　　2018 款 iPad Pro

尺寸

iPad 有 9.7 英寸、10.5 英寸、11 英寸和 12.9 英寸等不同规格，建议选择 12.9 英寸的，屏幕越大，画图越方便。注：1 英寸约等于 2.54 厘米。

容量

建议选择 128GB 或 256GB 的，这样才能保证运行速度，也能存储比较多的图片。笔者使用的是 256GB 的。

网络连接

建议购买 Wi-Fi 版的，没必要买蜂窝网络版的。

1.4.2 Apple Pencil 的选购

虽然 Apple Pencil 外观看起来像一支普通铅笔，但其性能十分强大，可以根据压力

进行不同程度的绘制，而且用起来十分流畅。基于这样的使用体验，iPad Pro 上有了越来越多的绘画软件，也有越来越多的设计师和插画师开始使用 iPad Pro 进行创作。

关于笔的选购，如果平板电脑不是 iPad Pro，那么需要在网上购买一支能和平板电脑适配的电容笔。2017 款的 iPad Pro 标配的是 Apple Pencil 一代手写笔，2018 款的 iPad Pro 标配的是 Apple Pencil 二代手写笔。

1.4.3 iPad 保护膜的选购

iPad 的保护膜有很多类型，笔者建议选择纸膜（磨砂膜），这种膜具有真实的阻尼感，笔尖在上面画的时候不打滑，能防止眩光，具有纸张的真实感。

1.4.4 iPad 手绘软件 Procreate

Procreate 是 iOS 平台上广受欢迎和推崇的绘图软件之一，这款软件的功能非常强大。但是这款软件在其他平板电脑上不能使用，只能在 iPad 上安装使用（前提要将 iPad 的系统更新到 iOS 13.2 以上），在 App Store 中搜索 Procreate 即可下载安装。

Procreate 是专为移动设备打造的专业级绘图软件，曾多次获得苹果的奖项和推荐。它支持多种触控笔（包括 Apple Pencil 等）和手指绘画，可以帮助设计师轻松完成各种风格作品的创作。

第 2 章

Procreate 操作技巧

2.1 Procreate 界面布局与操作手势

2.1.1 Procreate 的界面布局

双击 iPad 屏幕上的 Procreate 图标启动 Procreate，打开后的界面如右图所示。Procreate 的界面非常简洁，主要由快捷栏、菜单栏和绘图区组成。

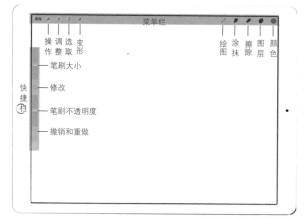

快捷栏上的主要功能有"笔刷大小""修改按钮""笔刷不透明度""撤销""重做"，如右图所示。

笔刷大小：用于调节画笔、涂抹、橡皮擦的大小。

笔刷不透明度：用于调节画笔、涂抹、橡皮擦的不透明度。

撤销和重做：点击这两个按钮，可以撤回上一步或者重做。

修改：默认是关闭的，要使用该功能需要在"手势控制"面板中将其打开，具体设置方式如下图所示。

设置完成后，点击"修改"按钮会弹出 6 个快捷按钮（下图是笔者常用的快捷按钮），如果需要修改可以按住其中一个持续 2 秒，在弹出的菜单中选择需要的快捷功能即可。

提示

有关菜单栏的具体操作会在后面详细介绍。

2.1.2 Procreate 的基本操作手势

在 Procreate 主界面中进行操作的手势至关重要，下面讲解一些基本的操作手势。

1 吸取颜色

用一个手指点击可以吸取画面上的颜色。随着手指在屏幕上移动，就可以吸取手指所在位置的颜色。

2 缩放

用两个手指在屏幕上向内捏合或向外滑开，可以缩放画布。

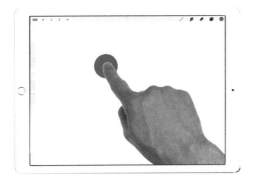 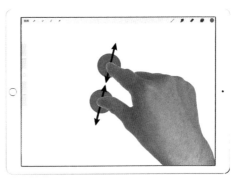

3 后退操作

用两个手指同时在画布上点击，就会后退回上一步的操作；如果两个手指在屏幕上长按，就会一直快速后退。

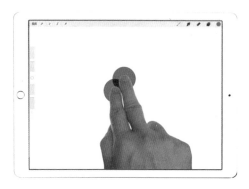

4 旋转画布

用两个手指捏拉屏幕的同时旋转，就可以改变画布的方向。当绘制复杂的线条时，这个功能有助于找到合适的绘画角度。

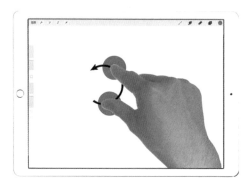

5 清除图层

用3个手指在画布的任意位置来回滑动，即可清除图层上的所有内容，该功能在起草稿阶段用起来十分方便。

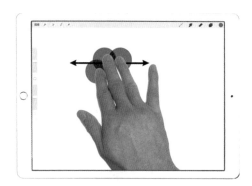

6 调出剪切、拷贝、粘贴菜单

用3个手指向下滑动，即可显示剪切、拷贝或者粘贴的选项。

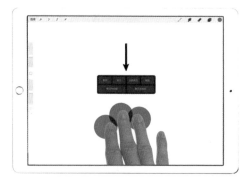

7 隐藏或显示工具栏

如果需要进入全屏模式，用4个手指在画布上点击，工具栏就会消失，同时在角落里显示一个小图标。用3个手指点击画布或者点击这个图标即可恢复显示工具栏。

8 退出软件界面

用5个手指在画布上同时捏合，整个窗口就缩小了，就可以回到桌面，等同于按Home键回到桌面。

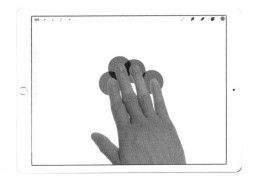
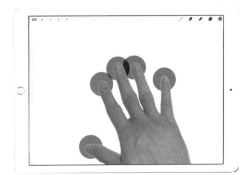

2.2 Procreate 软件基本操作

2.2.1 新建画布

打开软件后，在屏幕的右上角点击"＋"按钮即可创建新画布，Procreate自带几种标准尺寸的画布，使创建新作品更加快速简便。需要注意的是，新建的画布尺寸越大，所提供的图层数量就越少。

正方形：尺寸为2048px×2048px，该画布非常适合创建自定义画笔。

4K：尺寸为4096px×1714px，这个比例接近于故事板，由于画幅较大，所以能容纳很多细节。

A4：尺寸为210mm×297mm，分辨率为300dpi，创作的内容适合打印输出。

4×6照片：这个是比较小的尺寸，很少用到。

陈立飞尺寸：笔者常用的画布大小为A3（420mm×297mm），分辨率是150 dpi，共有28个图层。

2.2.2 操作

操作功能面板中包括了所有 Procreate 的设置、选项和画布上的信息，如下图所示。

1 添加

插入文件：可以通过该功能按钮插入 Procreate 源文件或者 PSD 格式的文件，导入的文件将会保留原来的图层样式。

拍照：点击此功能按钮将访问 iPad 的相机，并将 iPad 相机拍摄的照片插入画布。

插入照片：点击该功能按钮将会把 iPad 系统相册中的图片插入画布。

添加文本：点击该功能按钮可以在画布中插入文字，输入文字后可点击编辑文字样式，根据需要对字体进行设置，该功能对于设计师而言非常实用。

剪切：用于剪切当前画布上的对象。

拷贝：用于复制当前画布上的对象。

拷贝画布：将复制整个图层作为单个图像（相当于"另存为图片"的功能）。

粘贴：当进行了剪切、拷贝、拷贝画布操作后，用 3 个手指在屏幕上向下滑动，内容就会被粘贴在一个新图层上。

2 画布

裁剪并调整大小：该功能可以对原有的画布进行重新裁剪，拖动上下左右的边缘线调整画布大小。

动画协助：这个功能主要用于做 Flash 动画，在这里不展开讲解。

绘图指引：点击该功能按钮可以开启绘图参考线，以辅助完成画面绘制。

编辑 绘图指引：当开启"绘图指引"功能后，就可以用"编辑绘图指引"功能对参考线进行编辑。

2D 网格：开启 2D 网格的绘图参考线后，屏幕上会显示水平和垂直的网格，可以通过下面的按钮设置网格参考线的"不透明度""厚度""网格尺寸"。如果开启"辅助绘画"功能，用画笔在屏幕上画的线条永远都是水平和垂直的关系。还可以调整网格的尺寸，比如每一格代表 1 米，这样就可以快速画出比较准确的平面图尺寸，在做平面方案草图推敲的时候非常方便。

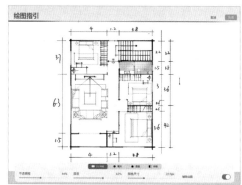

等大：在绘制轴侧图时会经常用到该功能，开启该功能后绘制的线条是平行的，不会产生近大远小的透视效果。

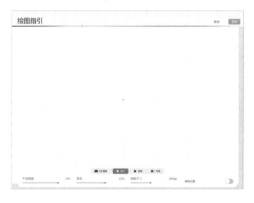
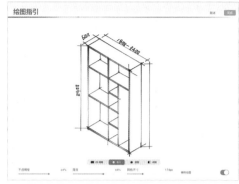

透视：开启该功能后，可以通过添加消失点创建透视参考线。

对称：开启该功能后，可以画出几种对称的图形。

垂直：开启"辅助绘图"功能后，在屏幕上任意一边画图形，同时水平方向的另一边便会出现镜像的效果。

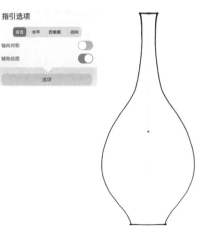

水平：开启"辅助绘图"功能后，在屏幕上任意一边画图形，同时垂直方向的另一边便会出现镜像的效果。

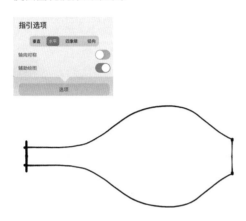

四象限：开启"辅助绘图"功能后，在屏幕上任意一边画图形，同时其他3个角便会出现水平或垂直的镜像效果。

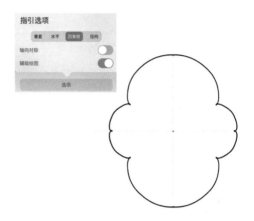

径向：开启"辅助绘图"功能后，在屏幕上任意一边画图形，同时会出现不同角度的该图形并组成八角效果。

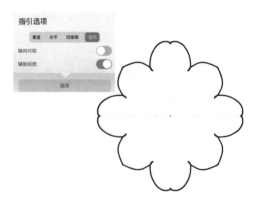

3 分享

在"分享"功能中可以根据需要的格式"分享图像"和"分享图层"，以满足不同的用途。常用的"分享图像"格式为JPEG。

4 视频

在该选项中，默认是开启"录制缩时视频"按钮的。工作中常用的就是"缩时视频回放"和"导出缩时视频"这两个功能。

5 偏好设置

　　浅色界面: 可以根据个人习惯调整界面, 开启该功能后, 界面颜色变为浅色, 关闭该功能后界面颜色变为深色。

　　右侧界面: 开启该功能后, 快捷栏就会显示在右边。

　　画笔光标: 开启该功能后再用笔刷, 屏幕上就会出现画笔的大小预览图, 笔者一般习惯关闭这个功能。

提示

　　"操作"菜单中的其他功能大家可以自行尝试。

2.2.3 调整

　　"调整"菜单中包含以下这些对图像的调整选项, 可以对所画的内容进行后期处理。

1 不透明度

　　选择需要调整的图层，然后用笔或手指在屏幕上向左或向右滑动，图层就会出现不透明度的变化。

2 高斯模糊

　　该功能可用于平滑过渡、创建景深效果处理远景或者玻璃后面的物体。在处理的时候，选中需要修改的图层，然后用手指或者笔在屏幕进行左右滑动。为了达到理想的效果，需要缓慢滑动屏幕。

3 动态模糊

　　使用"动态模糊"功能可以产生一种类似用传统胶片相机拍出的、快门速度很慢的效果，可为作品增加动态感。选择需要调整的图层，在任何方向上滑动即可调整模糊的强度。

4 透视模糊

　　位置：点击该按钮会在屏幕中间出现一个圆点，移动这个圆点可以调整透视模糊的位置，然后在屏幕上的其他位置左右滑动，就可以调整模糊的强度。

方向：点击该按钮会在屏幕中出现一个圆盘，可以通过移动圆盘的位置或调整圆盘上的三角形符号来调整透视模糊的方向，然后在屏幕上的其他位置左右滑动，就可以调整模糊的强度。

5 锐化

使用该功能可调整画面的清晰度，用手指或笔在屏幕上左右滑动就可以调整锐化的强度。

6 杂色

选择需要调整的图层，然后在"调整"菜单中选择"杂色"功能，左右滑动屏幕即可调整杂色效果的强弱。

7 液化

该功能可以对图形进行"瘦身"或者变形处理，下图所示为液化后的山体。

8 克隆

该功能主要用于修图，在室内设计手绘中很少用，如果画错可以重画。右图就是通过"克隆"功能把靠枕上的图案克隆到了椅子的坐垫上。

9 色相、饱和度、亮度

使用该功能可对图形的色相、饱和度和亮度进行调整。选中需要调整的图层，然后分别滑动对应的滑动键即可。

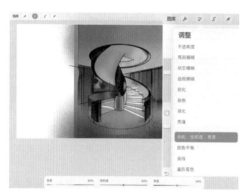 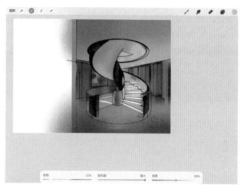

10 颜色平衡

该功能用于矫正图像的颜色或创建不同的色彩风格。可以通过滑动不同的滑动键来调节色彩。

如果要对颜色进行精细调整，可以打开"颜色平衡"修改器分别对"阴影""中间调""高亮区域"进行细微调整，以达到最佳效果。

11 曲线

图层的色调参数可用"曲线"功能的图表直线或曲线来表示。移动图表右侧的节点可调整图层的高光，移动线条中间的节点可调整中间调，移动左侧的节点可调整画面中较暗的区域。

在图表内的任何地方点击将创建一个节点，向上拖动节点会影响图层的亮度，向下拖动节点会影响图层的暗度。同样，向左或向右拖动节点则会降低或提高图层的对比度。选择右边的红色、绿色或蓝色通道，可以对相应的颜色进行校正。

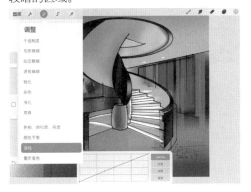

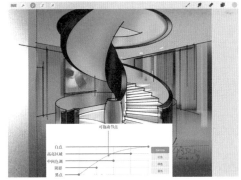

12 重新着色

使用"重新着色"可以调整特定颜色区域的颜色，而且不必擦除和重新切割现有的形状。"重新着色"比较适合处理平面图形的颜色。

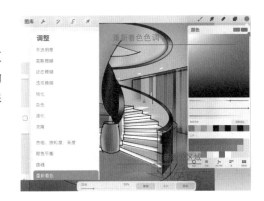

2.2.4 选取

激活选取工具后，触摸画布将不能绘画，而是在勾画选区。下方的工具栏上分别为"自动""手绘""矩形""椭圆形"。

1 自动

"自动"又称为自动选择框选工具，激活该工具后即可进入自动选取模式，然后点击作品的某个区域即可选中。点击的同时手指不要离开屏幕，然后左右拖动调整阈值。阈值越高处理边界的时候就越灵敏，自动选择的范围越大。

2 手绘

"手绘"又称为自由选择框选工具，激活该工具后就可以在工作区中自由选择需要的区域，然后对选区进行修改和上色等。Procreate 支持对选区进行缩放、平移和旋转操作。

3 矩形

"矩形"又称为矩形框选工具，激活该工具后在屏幕上拖动，就可以绘制出矩形选区。矩形选区的大小可以由触控笔缩放控制，完成选区的绘制后可以对选区进行填充和描边等基础操作。

4 椭圆形

　　"椭圆形"又称为椭圆形框选工具，激活该工具后在屏幕上拖动，就可以绘制出椭圆形选区。用该工具除了能绘制椭圆形选区，还可以绘制圆形选区，在绘制时只要用另外一个手指点击屏幕，就可以绘制出圆形选区。

5 添加

　　点击底部工具栏上的"+"按钮便可以添加选区。

6 移除

　　点击底部工具栏上的"-"按钮便可以删除选区。如果选区是重叠的，会显示从选区中删除一块，移除选区的操作结果如下页图所示。

7 翻转选区

选中某个区域后点击底部工具栏上的"翻转选区"按钮，即可选择该区域以外的区域，显示蒙版的对角线将从外部切换到内部，以指示哪个区域现在不能进行绘画。

8 复制内容

当选中某个区域后，如果需要复制该选区的内容，则可以点击底部工具栏上的"复制内容"按钮。

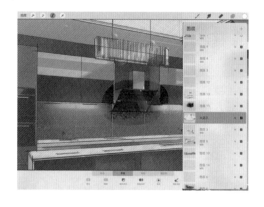

9 羽化

如果需要对选区进行羽化调整，可以点击底部工具栏上的"羽化"按钮，然后通过调整"数量"大小来控制羽化的范围。

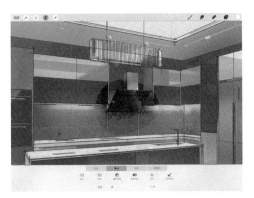 

10 清除选区

点击底部工具栏上的"清除选区"工具，可以撤销选区。

2.2.5 变形

下面为大家讲解"变形"工具的操作技巧。

1 自由变换

只有在工作区内绘制了物体或者插入图片后，才可以使用该变形模式。点击需要自由变换的图片会出现边框，在屏幕上拖动边框即可调整图片的大小，4个角的点用于自由调整图片的整体大小，如果点击其中一个点，然后长按，就可以自由调整该点的位置。

2 非一致

"非一致"又称为等比变形模式（在新版本已译为"等比"），点击该按钮后只可以对物体进行等比例缩放和移动位置。

3 扭曲

该变形模式在对物体进行变形处理时经常用到，选中需要扭曲的对象，然后调整不同的节点即可对其进行变形，要多尝试并熟练掌握该模式的操作方法。

4 弯曲

使用该变形模式可以对物体进行任意的变形处理。不过该模式在室内设计手绘中不常用，因此不做详细讲解。

5 水平翻转

这是"自由变换"变形模式下的功能，非常实用，主要用于制作对称效果。

6 垂直翻转

该功能主要用于制作倒影效果。

7 旋转 45°

点击该功能按钮可以把绘制的内容旋转 45°，该功能在实际创作中用得比较多。

8 适应画布

无论内容移动到哪里，只要点击"适应画布"功能按钮，绘制的内容就会自动居中对齐屏幕。

9 插值、重置、最近邻、双线性、双立方

这几个功能在室内设计手绘效果图绘制中运用得很少，在这里不做介绍。

2.2.6 绘图

Procreate 软件中自带很多基本的笔刷，读者可以选择喜欢的笔刷进行尝试，笔者在画线稿时，最常用的就是软件自带的"凝胶墨水笔"笔刷。

2.2.7 涂抹

涂抹工具在室内设计效果图绘制中运用得相对较少，一般在绘制远景的时候使用涂抹工具，以使颜色更加融合。

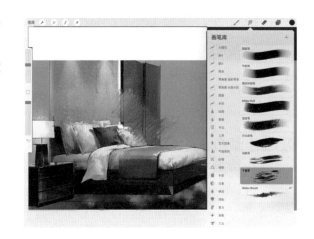

2.2.8 擦除

擦除工具和绘图工具一样强大，使用擦除工具可以对图中画错的地方进行修改，这也是 Procreate 的强大之处。在实际创作中可以选择具有各种纹理的擦除工具来匹配画布上的绘图笔触。

2.2.9 图层

点击"图层"按钮打开"图层"面板，然后在该面板中点击"+"按钮即可创建新的图层，新创建的图层将会插入在当前图层的上方。

选中某个图层后可以调整图层的不透明度和混合模式。只有画布中前几个图层都具有内容，才可显示相对应的效果。

2.2.10 颜色

1 色盘

点击菜单列表右上角的"颜色"按钮即可打开颜色面板。默认设置下颜色面板会显示Procreate 独有的"色盘"界面。新的颜色将会显示在预览区域的左侧，右侧是原来的颜色，方便进行比较，如下图所示。

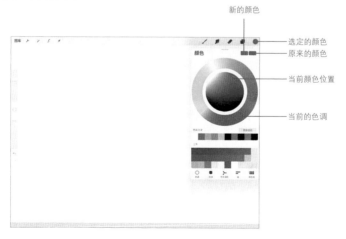

2 经典

这个色彩选择器非常典型，对于数字绘画者来说应该比较熟悉。

3 色彩调和

在该调色盘上可以找到对应的互补色，相对比较直观，读者可以多尝试操作。

4 值

在该调色盘上可以设置精准的数值以调节相对应的颜色。

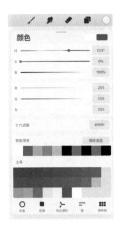

5 调色板

在该调色盘上可以把自己喜欢的颜色加入对应的格子中，方便以后查找并使用。

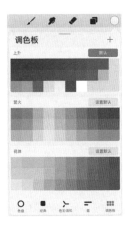

2.3 Procreate 上色技巧

扫码看视频

2.3.1 选择正确的工作图层

只有选择正确的工作图层才能绘制出颜色，下面以绘制木材质的平面效果为例讲解图层与上色的关系。

01 画好线稿以便上色使用。

02 想要在指定的区域内上色，需要选中线稿图层中的该区域。

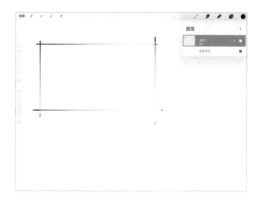

03 激活"选区"功能，选择"自动"工具，然后在指定的区域用手指或者触控笔点一下屏幕，被选中的区域会呈现蓝色。

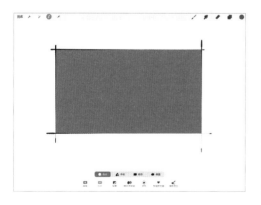

04 新建一个图层，作为上色用的图层。

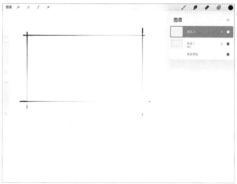

05 在选定的区域中填充相应的颜色。

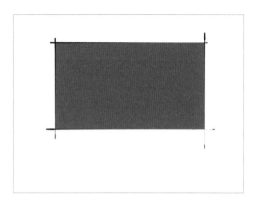

06 新建一个图层。

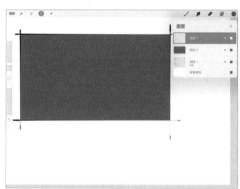

07 选择适合的纹理笔刷表现出纹理效果，注意纹理的颜色要与底色区分开，这样才能表现出效果。

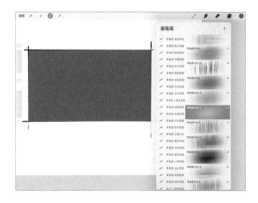

08 可以通过调整笔刷的大小来改变纹理的间距，通过改变运笔的力度来调整纹理的颜色深浅。

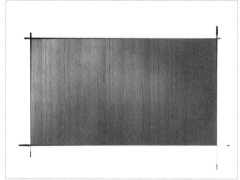

2.3.2 调整合适的阈值大小

在实际绘制时，还有另外一种情况：选择的工作图层是对的，但激活"选区"功能后，却发现整个屏幕还是会变成蓝色。出现这种情况是因为选区的阈值太大，解决的方法是用笔或用手指在屏幕上往左边滑动，将阈值调小，如下页图所示。

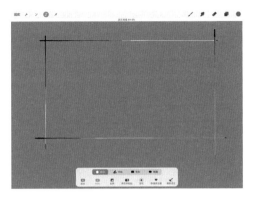

　　将阈值调小后再激活"选区"功能，在指定的区域用手指或触控笔点一下被选中的区域则会呈现蓝色。后续的上色方法与木材质的上色方法相同，这里不再赘述。

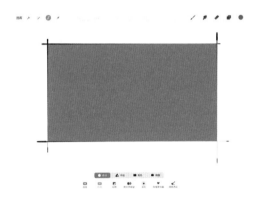

2.3.3 开启"阿尔法锁定"功能

　　如果不小心关闭了"选区"功能，就不能准确地在指定的区域内上色了，这时可以回到线稿图层，重新激活"选区"功能，并框选指定的区域。或者点击图层上的内容，在弹出的面板中选中"阿尔法锁定"功能（也可以在图层上同时用两个手指往右滑动，这样也可以快速开启"阿尔法锁定"功能），这样就可以单独对该图层上的内容进行上色，这时无论怎么画都不会画出指定的区域，如下页图所示。

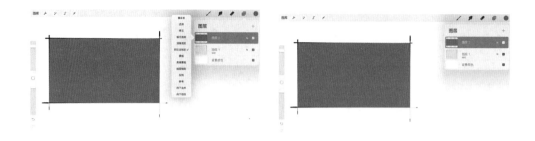

2.3.4 检查线稿是否闭合

　　选择线稿图层并激活"选区"功能，发现整个屏幕还是呈现蓝色的状态，这是因为指定区域的线稿没有闭合。解决的方法是用"凝胶墨水笔"将线条连接起来，形成一个闭合的区域。然后激活"选区"功能，指定的区域就会变成蓝色，这说明该区域已经被选中，就可以开始上色了。

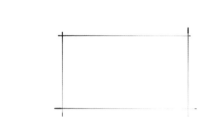

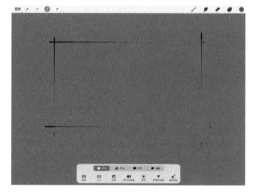

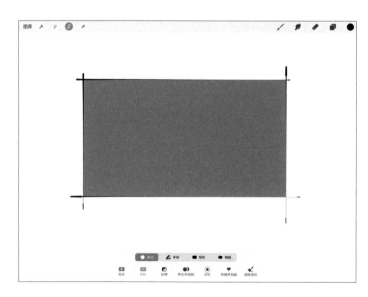

第 3 章

室内设计手绘
透视表现

3.1 透视的基础知识

透视是指在平面或曲面上描绘物体的空间关系的方法或技术 。透视口诀：近大远小、近长远短、近密远疏、近明远暗、近实远虚。下面是一些与透视相关的基本术语及其解释。

视点：指创作者眼睛所在的位置。

视平线：与人眼等高的一条水平线。

视线：视点与物体任何部位的假想连线。

视角：视点与任意两条视线之间的夹角。

视域：眼睛所能看到的空间范围。

视锥：视点与无数条视线构成的圆锥体。

中视线：视锥的中心轴线。

变线：与画面不平行的直线，在透视图中向灭点的方向消失。

视距：视点到心点的距离。

站点：观者所站的位置，又称停点。

距点：将视距的长度反映在视平线上心点的左右两边所得的两个点。

余点：在视平线上，除心点和距点外，其他的点统称为余点。

天点：视平线上方消失的点。

地点：视平线下方消失的点。

灭点：透视点的消失点。

测点：用来测量成角物体透视深度的点。

画面：画家或设计师用来表现物体的媒介面，一般垂直于地面平行于观者。

基面：景物的放置平面，一般指地面。

画面线：画面与地面脱离后留在地面上的线。

原线：与画面平行的线，在透视图中保持原方向，无消失点。

视高：从视平线到基面的垂直距离。

平面图：物体在平面上形成的痕迹。

迹点：平面图引向基面的交点。

影灭点：正面自然光照射，阴影向后的消失点。

光灭点：影灭点向下垂直于投影面的点。

顶点：物体的顶端。

影迹点：确定阴影长度的点。

▌3.2 Procreate 透视辅助工具

Procreate 这款软件自带强大的透视辅助功能，设计师可以根据绘画需要开启一点、两点或三点透视辅助功能，这样就能沿着透视辅助线绘制出非常准确的透视图。下面为大家讲解具体的操作方法。

3.2.1 创建视角

在"操作"菜单中点击"画布"按钮，然后打开"绘图指引"功能开启透视参考线，接着选择"编辑 绘图指引"功能对透视辅助线进行编辑。

3.2.2 编辑模式

开启"编辑 绘图指引"功能后将缩小画布，以便更全面地预览画布。点击"透视"按钮，可以根据需要使用底部的滑块调整网格线的"不透明度"和"厚度"。参考线的颜色也可以根据需要进行调整，一般情况下选择默认的参考线颜色就可以了，除非默认的参考线颜色与背景颜色一样。

3.2.3 创建灭点

创建灭点的方法非常简单，只需轻点画布的任意位置即可添加一个新的灭点，还可以随时拖动改变灭点的位置。在设置灭点的时候要考虑整体图纸的尺寸，视平线究竟安排在什么位置才比较合适，这些都需要根据构图来确定。正常情况下的两点透视有一个灭点在画布外面，那么调节的时候应该注意缩小整体画布。画室内鸟瞰图时所有的灭点都在画布外面，同样需要缩小画布，编辑确定灭点后再放大画布至合适的预览状态。参考线的"厚度"和"不透明度"都可根据需要自行设定。

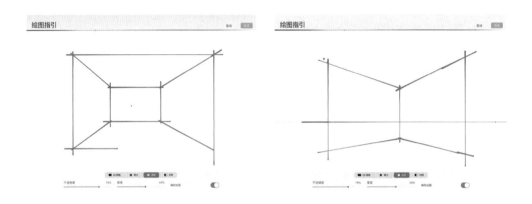

3.2.4 自由创作

根据设定好的透视原则，自由发挥即可。因为所有的线条都是根据透视方向画的，所以透视关系会非常准确。

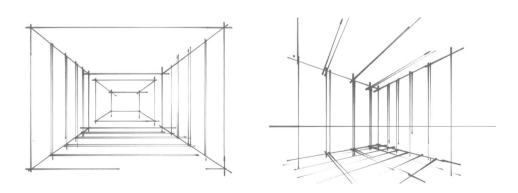

▍3.3 室内空间一点透视原理分析

3.3.1 一点透视的概念

一点透视又叫平行透视，透视图中只有一个灭点，物体的延长线会在视平线上的某一点消失。

3.3.2 一点透视的构图要点

一点透视是绘画中经常使用的一种透视方法，透视关系比较简单，空间中物体造型的透视线都消失在同一个灭点。简单概括为横平竖直，斜线交于一点。

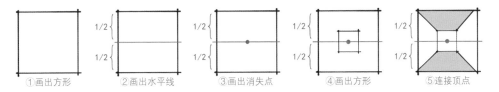

①画出方形　②画出水平线　③画出消失点　④画出方形　⑤连接顶点

当消失点向右偏移时，右侧变小，左侧变大，这样就可以把左侧作为细致刻画的部分，对右侧则概括地绘制，这样能体现出画面的主次关系。

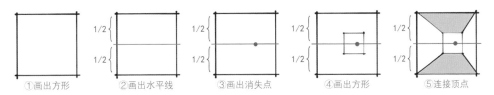

①画出方形　②画出水平线　③画出消失点　④画出方形　⑤连接顶点

当消失点向左偏移时，左侧变小，右侧则变大。

①画出方形　②画出水平线　③画出消失点　④画出方形　⑤连接顶点

当消失点向上偏移时，上部变小，下部则变大，这样能产生俯视的效果。

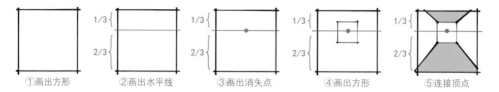

| ①画出方形 | ②画出水平线 | ③画出消失点 | ④画出方形 | ⑤连接顶点 |

当消失点向下偏移时，下部变小，上部则变大，这样能产生仰视的效果。

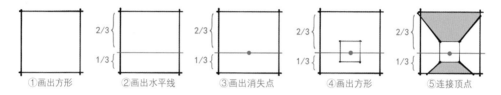

| ①画出方形 | ②画出水平线 | ③画出消失点 | ④画出方形 | ⑤连接顶点 |

3.3.3 一点透视图赏析

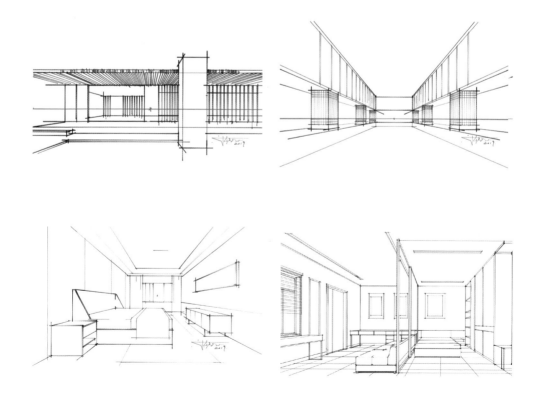

▎3.4 室内空间两点透视原理分析

3.4.1 两点透视的概念

两点透视又叫成角透视，是指一个图中有两个灭点，左边线消失于左灭点，右边线消失于右灭点。与一点透视相比，两点透视更加灵活生动，画面更加丰富。

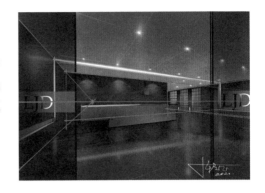

3.4.2 两点透视的构图要点

当消失点和视平线居中时，画面上下两部分的面积是一样大的，这样的效果比较中规中矩，画面给人一种比较庄严的感觉。

当消失点和视平线偏上时，看到的天花板的面积比较小，看到的地面的面积比较大，有种人站在上面往下看的效果。

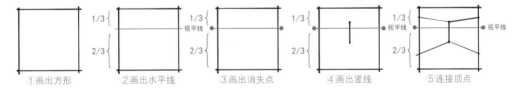

当消失点和视平线偏下时，看到的天花板的面积比较大，看到的地面的面积比较小，有种人在比较低的位置往上看的效果。

3.4.3 两点透视图赏析

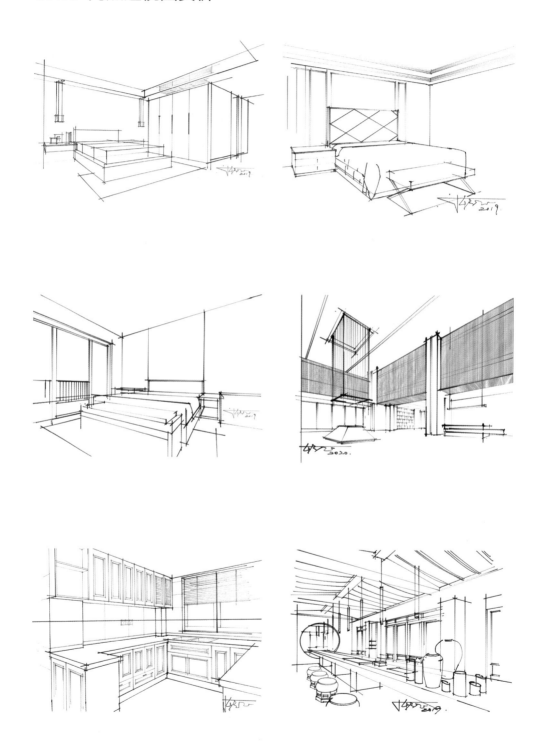

第 4 章

材质绘制与表现

4.1 木材质表现

装饰用的木材分为原木和仿木两大类，木材质装饰比较有亲和力，加工或施工简易、方便。木材质种类繁多，且肌理不同，绘制时要注意区别表现。

4.1.1 常用的木材质笔刷及表现效果

在表现物体时，先用打底笔刷把物体的明暗关系和固有色表现出来，画出物体的立体感和光感，然后用木材质笔刷根据木纹的方向进行勾勒刻画，这样就能表现出材质的纹理了。

◢ 常用的木材质笔刷 ├

用不同木材质笔刷绘制的空间内物体的效果图。

4.1.2 柜子正面木材质表现

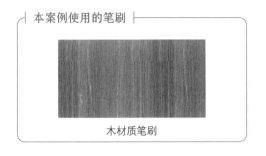

01 绘制出柜子的线稿。

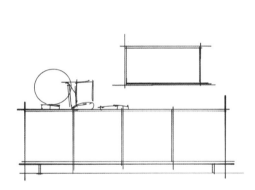

02 点击"选区"按钮，选择"手绘"工具框选住柜子的正面作为选区。

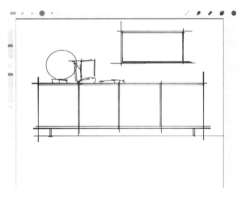

03 在"画笔库"中选择木材质笔刷。

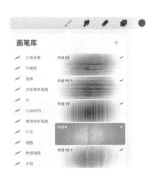

04 用木材质笔刷在柜子的正面平铺一层颜色。

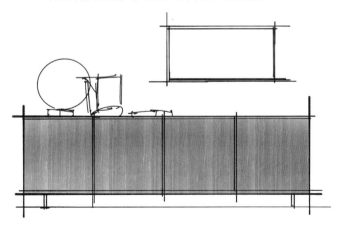

05 用木材质笔刷在柜子正面的中间位置加重颜色，注意保留顶部的受光面和底部的反光面。

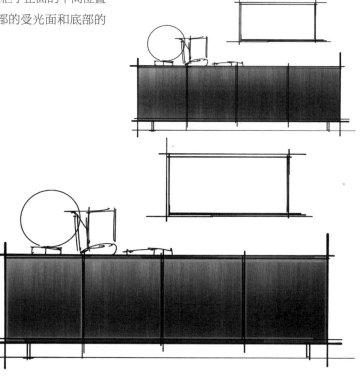

06 完善柜子的细节，完成绘制。

4.1.3 墙体木材质表现

┌─ **本案例使用的笔刷** ─┐

木材质笔刷

01 绘制出空间的线稿。

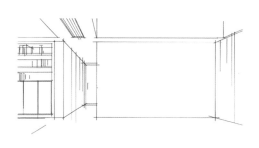

02 点击"选区"按钮，选择"手绘"工具框选住要画的木材质区域。

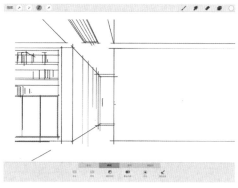

03 在"画笔库"中选择木材质笔刷。

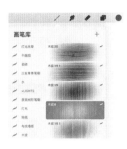

04 用木材质笔刷在墙体上平铺一层底色。

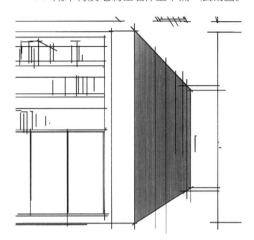

05 用木材质笔刷加重墙体的顶部、底部和靠前的位置。

06 用木材质笔刷画墙体另一个面的颜色，注意加深颜色，这样可以让两个面形成对比关系。

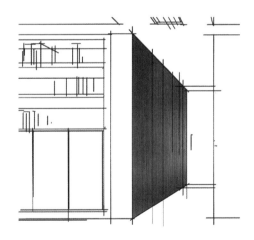

07 用木材质笔刷继续深入刻画，深入刻画时需要选用浅色，调整细节后完成绘制。

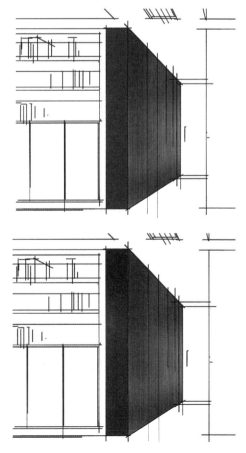

4.2 石材质表现

　　石材在室内空间中主要运用于地面和墙面，对石材纹理的刻画是区分表现不同石材的关键。有些石材有明显的高光，且受灯光的影响会产生投影，因此在绘制时要先用打底笔刷把物体的明暗关系和固有色表现出来，最后用相应的石材笔刷根据石材纹理的方向进行刻画，以表现出石材的纹理和质感。

4.2.1 常用的石材质笔刷及表现效果

常用的石材质笔刷

　　用不同石材质笔刷绘制出的空间内物体的效果图。

4.2.2 石材质表现案例

本案例使用的笔刷

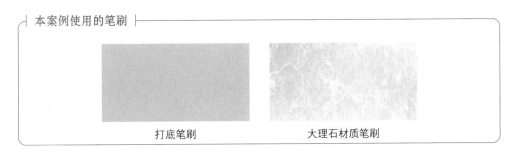

打底笔刷   大理石材质笔刷

01 绘制出室内空间的线稿。

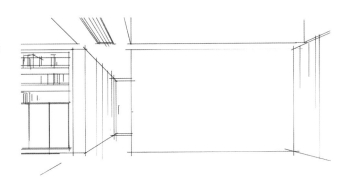

02 用打底笔刷绘制出墙面渐变效果。

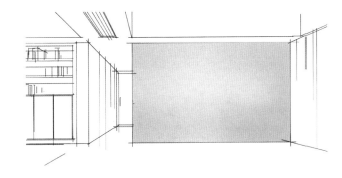

03 用大理石材质笔刷表现出石材的纹理，注意控制笔触的大小。

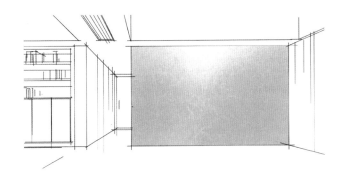

04 用线条对墙面进行分割，最后处理大理石材质和高光位置的细节。

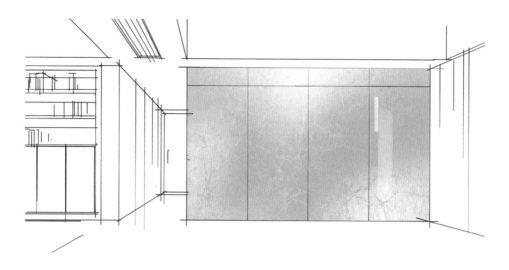

4.3 地面材质表现

　　画地面的同时要考虑地面上的物体，因为投影的关系，所以刻画地面的材质其实也是在表现物体之间的关系。绘制的方法还是先用打底笔刷表现出物体的渐变关系，然后用对应的笔刷表现出材质的质感。

4.3.1 常用的地面材质笔刷及表现效果

┃ 常用的地面材质笔刷

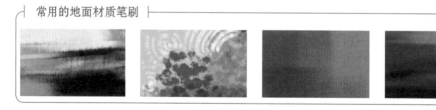

用不同地面材质笔刷绘制出的空间地面效果图。

4.3.2 地面材质表现案例

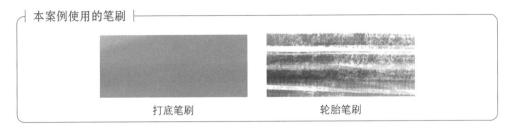

打底笔刷　　　　　　　　　轮胎笔刷

01 导入之前画好的素材，然后进行地面材质刻画。

02 用打底笔刷平铺出地面和墙体的颜色，要表现出大的明暗变化效果。

03 根据透视原理用打底笔刷进一步平铺地面。

04 用打底笔刷加重家具底下的投影部分。

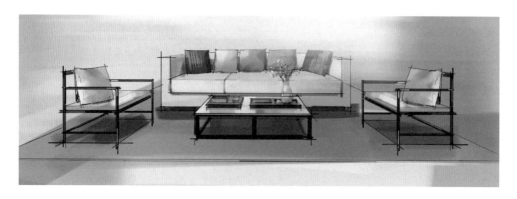

05 用轮胎笔刷平铺地面，画时需要注意运笔的轻重变化。

▌4.4 墙纸纹理表现

墙纸纹理的表现方式与其他材质的表现方式一样，都是先画出物体的基本明暗关系，再刻画出纹理的质感。

4.4.1 常用的墙纸笔刷及表现效果

┤ 常用的墙纸笔刷 ├

用不同的墙纸笔刷绘制出的空间效果图。

4.4.2 墙纸纹理表现案例

┤ 本案例使用的笔刷 ├

打底笔刷	墙纸纹理笔刷	灯光纹理笔刷

01 绘制出空间线稿，线条与线条之间一定要闭合。

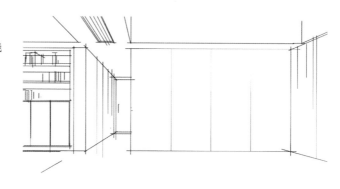

02 用打底笔刷平铺出墙体的颜色，注意靠近窗边位置的颜色要亮一些。

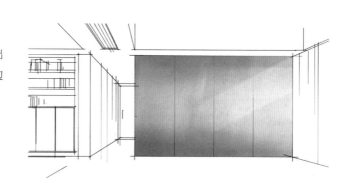

03 用墙纸纹理笔刷刻画纹理，刻画时注意笔触的大小和颜色的深浅变化。

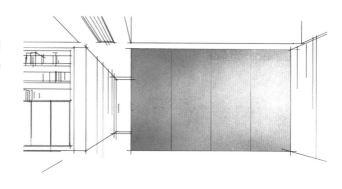

04 用灯光纹理笔刷绘制出灯光效果，然后调整细节，完成绘制。

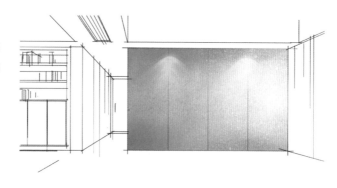

第 5 章

单体表现技法

5.1 柜子的画法

5.1.1 正面的现代柜子

本案例使用的笔刷

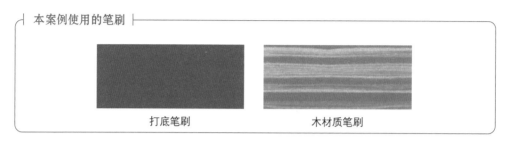

打底笔刷　　　　　　　　　　木材质笔刷

01 在"操作"工具面板中点击"画布"按钮，开启"绘图参考线"功能。

02 点击"编辑 绘图参考线"，然后点击"2D 网格"按钮，开启"辅助绘画"功能，接着在"画笔库"中选择"凝胶墨水笔"绘制草图线稿。

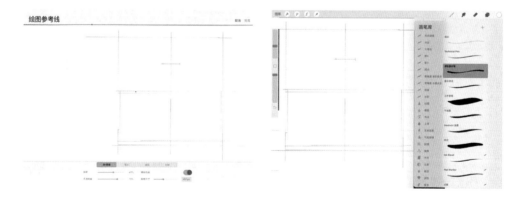

提示

开启"辅助绘画"功能，可以保证绘制的线条横平竖直。

03 绘制出柜子的线稿，注意线条的粗细变化和细节。

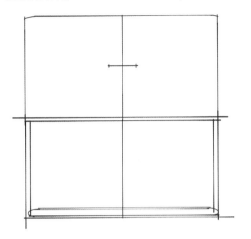

04 用打底笔刷绘制出基本的明暗和渐变效果，将柜子的木材颜色表现出来。

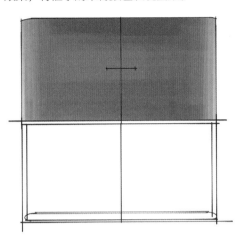

05 用木材质笔刷以水平方向绘制，把木材质的肌理表现出来，并加强柜子的明暗对比，让柜子更有立体感。

06 概括性地绘制出柜子的下半部分，然后进一步调整细节。

5.1.2 正面的中式柜子

本案例使用的笔刷

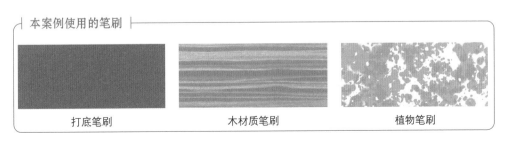

打底笔刷　　　　　　木材质笔刷　　　　　　植物笔刷

01 在"操作"工具面板中点击"画布"按钮，开启"绘图参考线"功能。

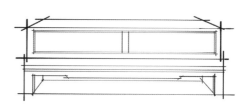

02 绘制出柜子的基本结构。

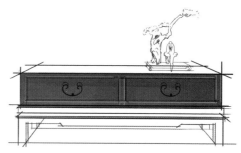

03 完善柜子的细节，然后把柜子上的装饰物画出来，画时要注意线条的粗细变化。

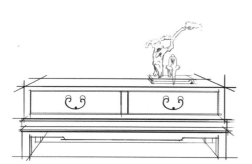

04 用打底笔刷把柜子的基本明暗和渐变关系表现出来，然后绘制出木质柜子的固有色。

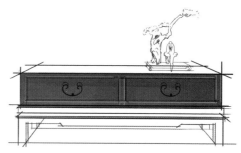

05 把柜子的亮部与暗部区分开来，让柜子更有立体感。

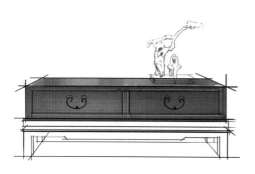

06 用木材质笔刷把柜子的肌理表现出来，然后用植物笔刷绘制桌面上物品的颜色，最后调整细节。

5.2 椅子的画法

　　掌握椅子的比例关系是画好椅子的第一步。一般椅子的坐垫到地面的高度也就是人的脚到膝盖的高度，椅子靠背的高度和坐垫到地面的高度基本相等，对于不同功能的椅子还要根据情况具体分析。

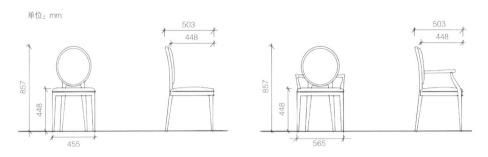

5.2.1 新中式单人无扶手椅

| 本案例使用的笔刷 |

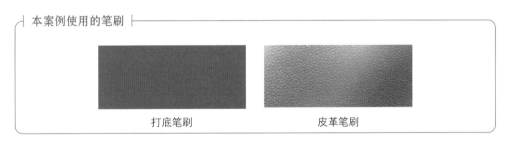

打底笔刷　　　　　　　　　皮革笔刷

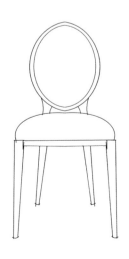

01　用"凝胶墨水笔"绘制线稿，注意椅子的比例和椅子腿的透视关系。

02　用打底笔刷把不锈钢材质的椅子腿的颜色画出来。

03 把坐垫和靠背的立体感表现出来，注意反光的处理。

04 用皮革笔刷把椅子上的皮革质感表现出来。同时也要注意对反光和高光的刻画。

5.2.2 新中式单人扶手椅

本案例使用的笔刷

打底笔刷

铁锈笔刷

扫码看视频

01 用"凝胶墨水笔"画出线稿，注意椅子的比例和椅子腿的透视关系。

02 采用平涂的方式表现出椅子腿的颜色。

03 用铁锈笔刷把椅子腿的质感表现出来。

04 用打底笔刷和铁锈笔刷相互配合，表现出坐垫的立体感与质感。

5.2.3 美式复古吧台椅

本案例使用的笔刷

打底笔刷

皮革笔刷

浅色笔笔刷

扫码看视频

01　绘制出吧台椅的线稿，用线条表现出基本的材质关系，注意线条的粗细变化。

02　用打底笔刷绘制出坐垫，注意表现出坐垫的明暗关系以及高光和反光之间的渐变关系。

03　用皮革笔刷把靠背的皮革质感表现出来，注意界面关系和软包的凹凸关系，一定要耐心刻画。

04　用浅色笔笔刷把椅子腿的不锈钢质感表现出来。在表现质感时要注意反光、高光和明暗交界线的关系，最后丰富一下细节。

5.3 沙发的画法

5.3.1 现代沙发

本案例使用的笔刷

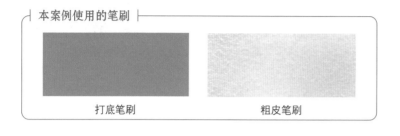

打底笔刷　　　　　　　　粗皮笔刷

扫码看视频

01 用画方盒子的原理绘制出沙发的基本结构。

02 完善沙发的坐垫、靠背和靠枕的造型。

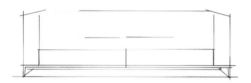

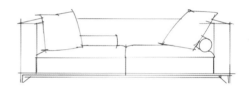

03 用打底笔刷平铺出坐垫和靠背的暗部，亮部先留白。

04 用浅灰色画出坐垫的布面和靠枕的颜色，注意颜色的渐变关系，这时不需要画得太过严谨。

05 丰富沙发的细节，如靠枕和坐垫的投影关系，用粗皮笔刷表现出沙发的质感，最后把坐垫的亮部颜色提亮一些，完成绘制。

5.3.2 白色皮革沙发

| 本案例使用的笔刷 |

打底笔刷

01 绘制出沙发的线稿，注意比例和透视关系。

02 完善沙发软包材质的造型。不一定要把每一处都画完整，在有些地方可以适当地放松线条，之后适当补画，这样会形成光感。

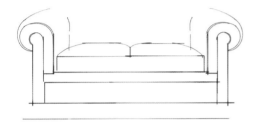

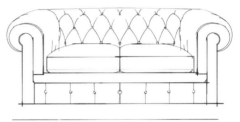

03 丰富细节，完成线稿绘制，同时压一下转角的位置，这样可以让整体线稿显得更有立体感。

04 先用打底笔刷平铺一层颜色，不需要做太多的渐变效果。

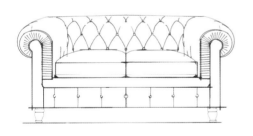

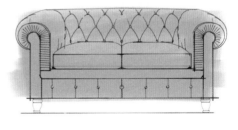

05 用浅灰色做混色处理，把一些高光和亮部表现出来，这时要注意表现渐变效果。

06 调整沙发的细节，刻画坐垫的投影，完成绘制。

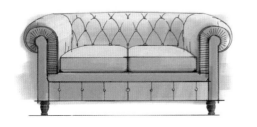

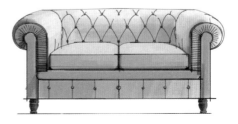

5.3.3 三人白色皮革沙发

┤ 本案例使用的笔刷 ├

打底笔刷

01 绘制出沙发的线稿，画时一定要注意沙发的投影和压边效果。

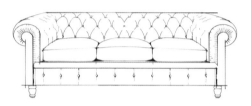

02 在线稿图层下面新建一个图层，然后用相应的颜色填充图层。

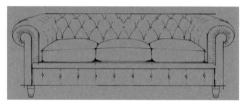

03 新建一个图层，然后选择浅灰色，用打底笔刷做混色处理，把沙发的渐变效果表现出来。

04 采用同样的方法，继续绘制坐垫、靠背和扶手上的一些高光。

05 调整沙发的明暗关系和投影关系，最后画出沙发腿。

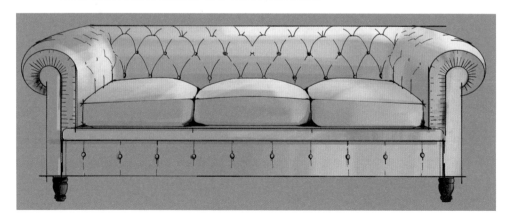

5.3.4 双人棕色皮革沙发

本案例使用的笔刷

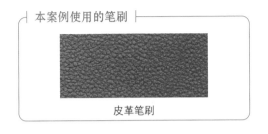

皮革笔刷

01 绘制出沙发的基本结构，注意比例关系。

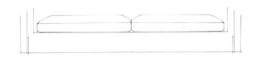

02 完善沙发的结构和细节，注意横线是水平的，竖线是垂直的。

03 新建一个图层，遵循线稿在色彩图层下的规律，然后用相应的颜色填充图层。

04 用渐变的颜色表现出沙发的明暗关系。

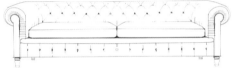

05 刻画坐垫的受光部分，运笔的时候可以多尝试，过渡要自然。

06 用皮革笔刷把沙发的皮革质感表现出来，并深入刻画局部细节，使画面更完整、统一。

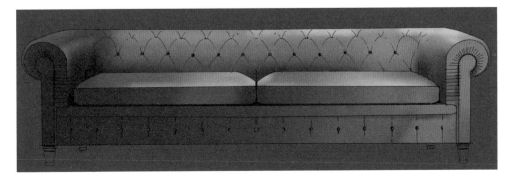

5.3.5 北欧简约沙发

| 本案例使用的笔刷 |

打底笔刷

生锈腐烂笔刷

布纹肌理笔刷

扫码看视频

01 画出沙发的线稿，画时要注意沙发的透视关系。

02 新建一个图层，然后用打底笔刷把暗部刻画出来。

03 画出靠背和扶手暗部的颜色，注意表现出渐变效果。

04 用生锈腐烂笔刷和布纹肌理笔刷深入刻画沙发的局部细节，整体调整画面，完成绘制。

5.4 床的画法

5.4.1 现代单体床

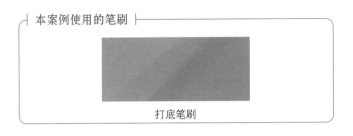

扫码看视频

01 大致勾勒出床的线稿,用不同的线条表现出不同的材质。

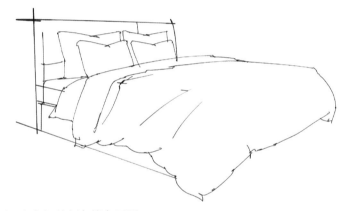

02 新建一个图层,然后用主色调的颜色填充图层。

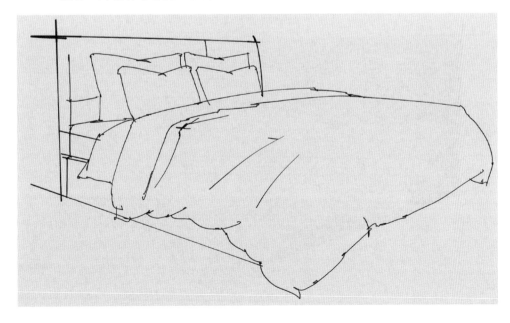

03 用打底笔刷把被单的暗部和灰部颜色表现出来。

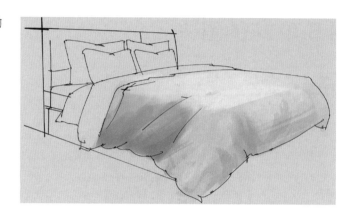

04 画出床头的靠背，注意受光的地方颜色要亮一些，被单底下的颜色暗一些，整体处理好黑白灰渐变关系。

05 把枕头依次画出来，注意前后关系，让枕头更有立体感。

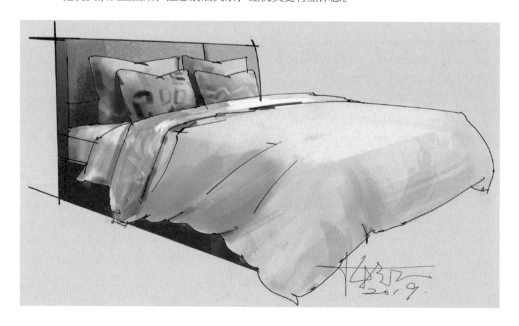

5.4.2 现代中式风格床

本案例使用的笔刷

| 打底笔刷 | 轮胎笔刷 | 光晕笔刷 |

扫码看视频

01 开启"绘画辅助"功能，定出消失点，概括性地绘制出床的概念草图。

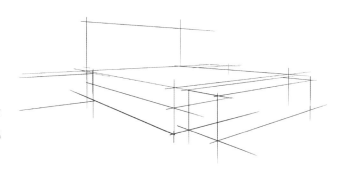

02 降低草稿图层的不透明度，新建一个图层，绘制床的具体线稿。

03 新建一个图层，置于线稿图层之下，然后填充颜色，作为画面的主色调。

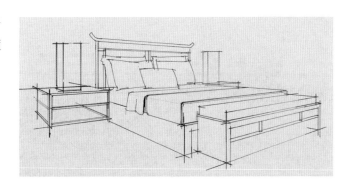

04 用打底笔刷表现出灯光和空间的明暗效果。

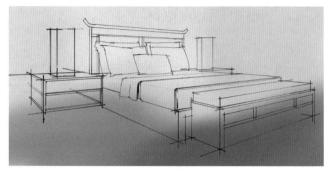

05 把床品部分绘制出来。

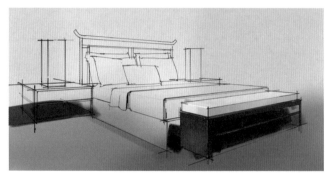

06 深入刻画床头柜和床垫的质感，画时一定要注意颜色的深浅变化。

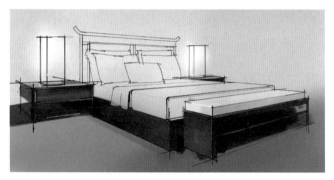

07 用光晕笔刷绘制被单和灯光，注意中间的位置比较亮，最前面的位置比较暗，最后用轮胎笔刷表现出地面的质感。

5.4.3 北欧风现代简约床

本案例使用的笔刷

打底笔刷　　　　　边缘模糊笔刷　　　　　磨砂笔刷

01 绘制出床的线稿。

02 新建一个图层并用主色填充整个图层,然后用打底笔刷绘制出床垫的明暗关系。

03 用边缘模糊笔刷把被单画出来,注意要表现出被单柔软的质感。

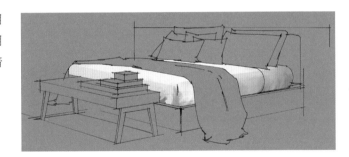

04 绘制出枕头的颜色和质感，要体现出立体感。然后绘制出床头和床体的颜色。

05 完善床品的明暗关系和色彩效果。然后用磨砂笔刷画出地毯的纹理，要注意前面的颜色比较暗，后面的颜色比较亮，墙体没有进行细致的刻画，这样可以形成对比。

5.4.4 豪华单体床

┤ 本案例使用的笔刷 ├

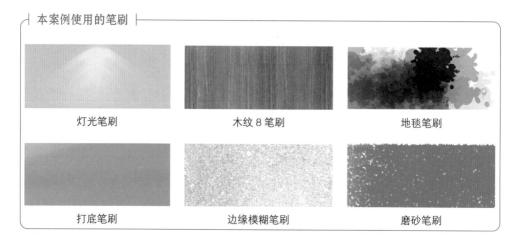

灯光笔刷　　　　木纹 8 笔刷　　　　地毯笔刷

打底笔刷　　　　边缘模糊笔刷　　　　磨砂笔刷

01 绘制出床的线稿，注意比例和透视关系。

02 新建一个图层，然后用主色调的颜色填充整个图层，接着用打底笔刷画出前面的柜子和台灯。

03 用边缘模糊笔刷绘制床垫、被单和床体的颜色，注意对明暗层次关系和纹理的表现。

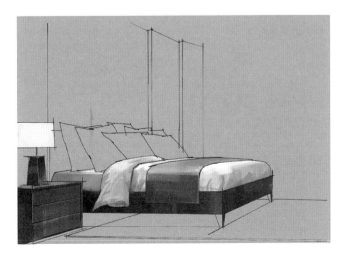

04 绘制出其他床品的色彩，注意物品之间的联系和光感对比。

05 用木纹 8 笔刷、磨砂笔刷和灯光笔刷把墙体的质感表现出来，注意表现墙体的前后关系和光感，最后用地毯笔刷画出地面上的毛毯。这是一张概念化的快速表现图，不需要刻画得面面俱到。

5.4.5 欧式单体床

本案例使用的笔刷

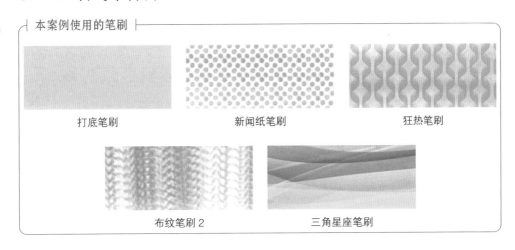

打底笔刷 　　　　　　 新闻纸笔刷 　　　　　　 狂热笔刷

布纹笔刷2 　　　　　　 三角星座笔刷

01 绘制出床体的线稿，注意形体的比例和结构关系。

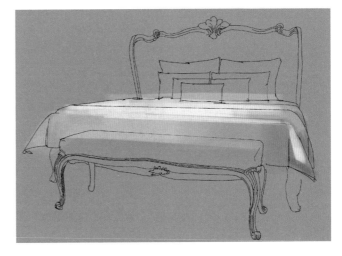

02 新建一个图层并填充颜色，统一画面色调，然后用打底笔刷轻扫，画出白色床单。

03 用布纹笔刷2对床头部分进行垂直平铺,注意把握好明暗关系。

04 用打底笔刷塑造枕头的立体感。

05 用所列举的其他笔刷对应刻画画面中各物体的不同材质,注意光影效果的表现。

5.5 灯具的画法

5.5.1 台灯

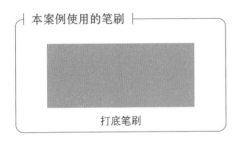

本案例使用的笔刷

打底笔刷

01 用软件自带的"凝胶墨水笔"绘制线稿，注意透视关系。

02 框选灯罩，然后用打底笔刷绘制出灯罩的固有色，注意表现出灯罩的通透感。

04 绘制出灯罩其他部分的颜色，最后调整画面的对比度和反光。

03 用打底笔刷绘制出灯座的玻璃质感，画时要注意反光和高光。

5.5.2 壁灯

┤ 本案例使用的笔刷 ├

布纹肌理笔刷

浅色笔笔刷

灯光笔刷

扫码看视频

01 用软件自带的
"凝胶墨水笔"绘制
出壁灯的线稿。

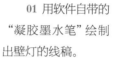

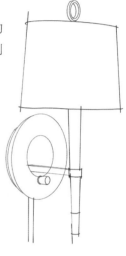

02 新建一个图层并填充背景色,然后用
布纹肌理笔刷绘制出灯罩的固有色,注意色
彩的渐变效果。

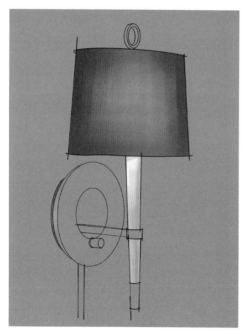

03 画出壁灯其他结构的颜色,用浅色
笔笔刷表现出金属质感,最后用灯光笔刷绘
制出灯光照射的效果。

5.5.3 中式落地灯

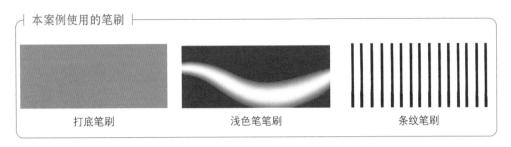

打底笔刷　　　　　　浅色笔笔刷　　　　　　条纹笔刷

01 用软件自带的"凝胶墨水笔"绘制出中式落地灯的线稿。

03 用浅色笔笔刷和条纹笔刷绘制出灯罩的质感，渲染出灯光效果。

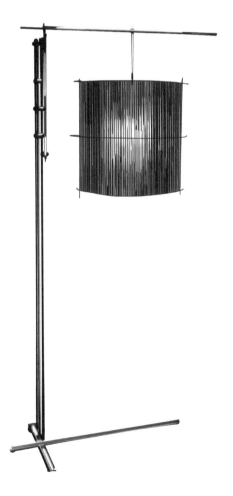

02 用打底笔刷绘制出灯罩的固有色，然后用浅色笔笔刷绘制出不锈钢灯架的质感。

5.6 其他软饰品的画法

5.6.1 窗帘

| 本案例使用的笔刷 |

打底笔刷　　　　植物笔刷　　　不规则画笔笔刷

扫码看视频

01 用软件自带的"凝胶墨水笔"绘制出窗户和窗帘的线稿。

02 新建一个图层，置于线稿图层下，然后为该图层填充底色。

03 选择玻璃窗区域并填充白色，然后用植物笔刷概括地绘制出窗外的景色。

04 用打底笔刷绘制出墙体的渐变颜色，然后用不规则画笔笔刷概括地绘制出窗帘的暗部，最后对窗户的结构进行细化。

5.6.2 盆栽绿植

磨砂笔刷	植物笔刷	打底笔刷	浅色笔笔刷

01 用软件自带的"凝胶墨水笔"绘制出花架的线稿，然后用磨砂笔刷绘制出花盆的颜色。

02 用植物笔刷绘制植物，先画浅色再画深色，画时要注意明暗关系和层次感。

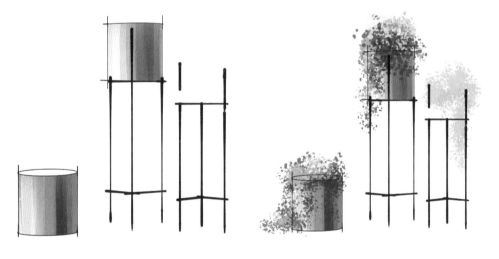

03 完善画面，用打底笔刷和浅色笔笔刷绘制出植物和支架的高光。

5.6.3 花瓶

01 用软件自带的"凝胶墨水笔"绘制出花瓶的线稿。

02 用打底笔刷平铺出花瓶的底色，不需要刻画太多细节，表现出大致的明暗关系即可。

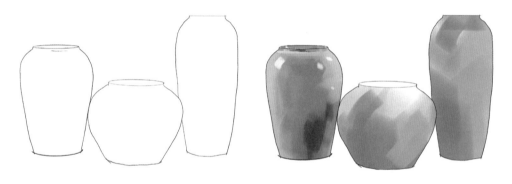

03 刻画花瓶的明暗交界线、反光部分和高光部分，注意高光的位置、大小和形状。

04 用树枝肌理笔刷绘制出花瓶上面的花纹。

5.6.4 雕塑

本案例使用的笔刷

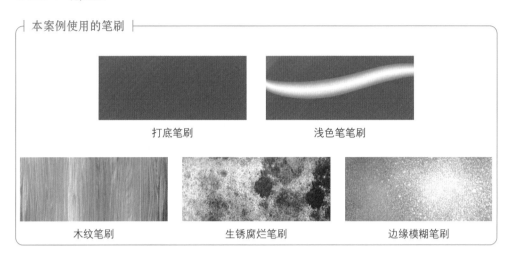

打底笔刷　　　　　　　　浅色笔笔刷

木纹笔刷　　　生锈腐烂笔刷　　　边缘模糊笔刷

扫码看视频

01　用软件自带的"凝胶墨水笔"绘制雕塑的线稿，用线条简单地表现一下明暗关系，这样可以突出光影的效果。

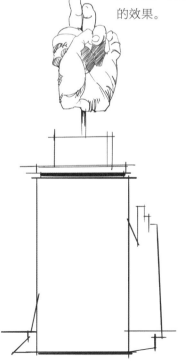

02　新建一个图层，并将图层置于线稿图层下，然后用打底笔刷绘制出渐变色的背景。

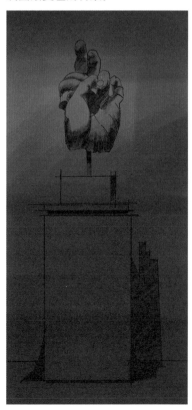

03 用打底笔刷把雕塑的受光部分提亮，注意高光、暗部、投影和反光的位置。

04 用生锈腐烂笔刷绘制出底座的质感，然后用浅色笔笔刷绘制底座下的光影，进一步表现出画面的氛围，用木纹笔刷和边缘模糊笔刷刻画背景的肌理与质感。

第 6 章

组合家具表现技法

6.1 组合柜子的画法

6.1.1 现代电视柜

本案例使用的笔刷

打底笔刷　　　　　木纹笔刷　　　　　挂画笔刷　　　　　光晕笔刷

01　用软件自带的"凝胶墨水笔"绘制柜子和装饰品的线稿，注意线条的粗细变化。

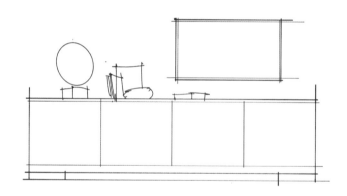

02　新建一个图层，然后用打底笔刷画出墙体的颜色，再把柜子正面的渐变效果刻画出来，接着用木纹笔刷把柜子的受光部分表现出来。

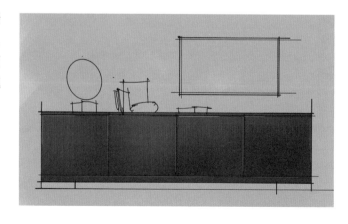

03 绘制画框的投影，然后用挂画笔刷绘制出装饰画，注意点线面的结合。

04 用光晕笔刷绘制出灯光效果，最后刻画装饰品的细节，完成绘制。

6.1.2 玄关柜

本案例使用的笔刷

打底笔刷

挂画笔刷

射灯笔刷

植物笔刷

01 用软件自带的"凝胶墨水笔"绘制玄关柜的线稿。

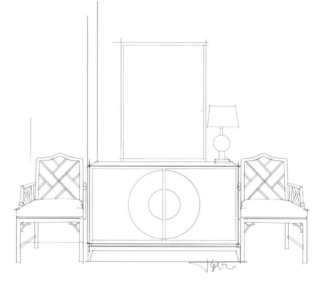

02 新建一个图层作为上色图层，然后用打底笔刷绘制出背景的基本颜色，这时不需要画太多细节。

03 用打底笔刷重点刻画柜子正面的渐变效果和凹凸感的造型，加强柜子的素描关系和光感。

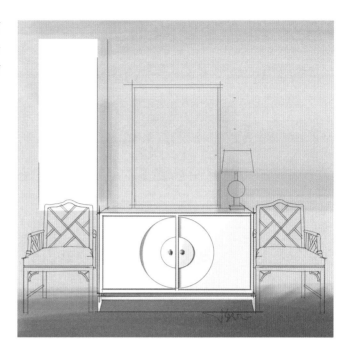

04 用挂画笔刷、射灯笔刷和植物笔刷重点刻画装饰品和灯光效果，对椅子和地面不用做太多的刻画，这样可以更好地突出主体。

6.2 组合沙发的画法

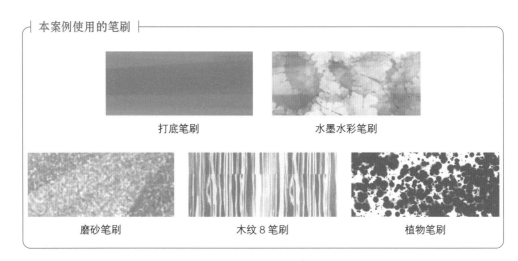

打底笔刷　　　　　　　　水墨水彩笔刷

磨砂笔刷　　　　　　木纹 8 笔刷　　　　　　植物笔刷

扫码看视频

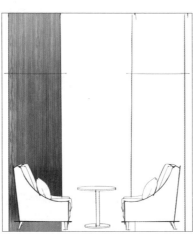

01 用软件自带的"凝胶墨水笔"把线稿画出来。

02 先用木纹 8 笔刷绘制出左边背景的肌理，然后用水墨水彩笔刷绘制出灯光照射的光感。

03 用打底笔刷、磨砂笔刷、植物笔刷和水墨水彩笔刷绘制左边的沙发、地毯和背景，然后绘制中间的小圆桌。

04 采用镜像的方法把左边绘制的内容复制一份移到右边并拼接好，这样就完成了。

6.3 组合椅子的画法

本案例使用的笔刷

打底笔刷	皮革笔刷

扫码看视频

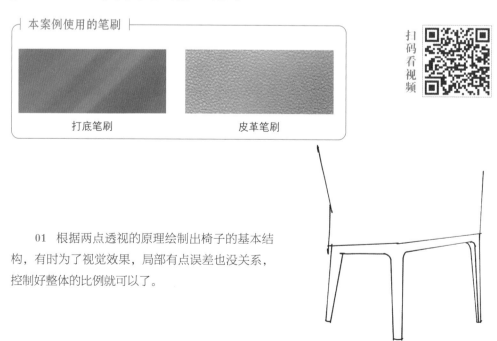

01 根据两点透视的原理绘制出椅子的基本结构，有时为了视觉效果，局部有点误差也没关系，控制好整体的比例就可以了。

02 完善椅子的轮廓，注意线条的粗细变化。

03 把旁边另一把椅子的扶手和坐垫概括地绘制出来。

04 完善另一把椅子的轮廓和结构，注意物体近大远小的透视关系，完成线稿的绘制。

05 新建一个图层，然后用打底笔刷在椅子的暗部画出一层固有色，这时不需要画太多的细节。

06 用打底笔刷绘制椅子灰部的固有色，颜色要比暗部的浅，注意颜色的渐变效果和深浅变化。

07 绘制出椅子的投影，然后刻画椅子腿，注意颜色的深浅变化，并处理好明暗关系。

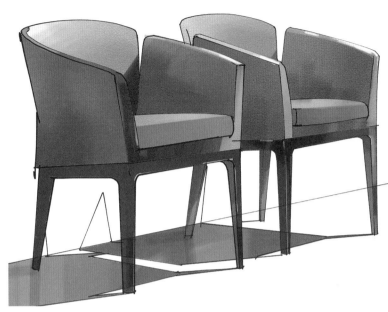

08 用皮革笔刷对椅子进行深入刻画，完成绘制。

6.4 组合餐桌椅的画法

本案例使用的笔刷

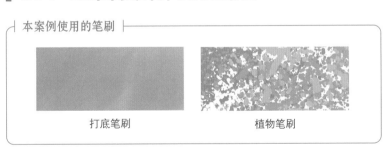

打底笔刷   植物笔刷

扫码看视频

01 根据一点透视的原理，确定出餐桌椅的位置。

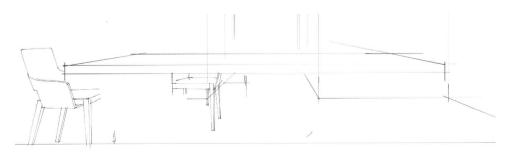

02 新建一个图层，用打底笔刷绘制出其中一把椅子的明暗关系，然后用植物笔刷表现出椅子的肌理。

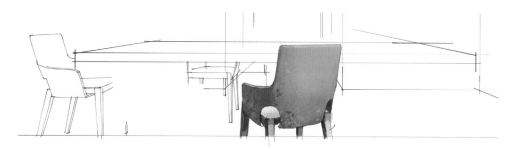

03 将绘制出的椅子的图层复制两份，对其中一份进行左右镜像，然后调整椅子的位置。

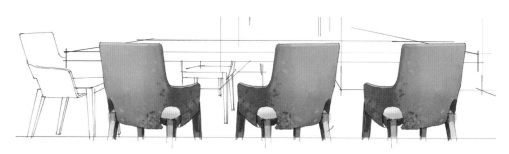

04 采用同样的方法继续绘制出其他椅子，分别调整好椅子的位置。

05 把桌子的暗部和桌面反光的感觉表现出来，投影和周围的环境不需要进行详细刻画，这样更能突出主体。

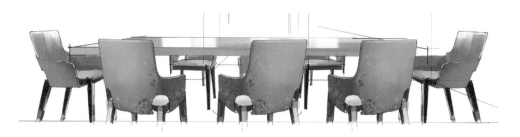

6.5 茶桌的画法

本案例使用的笔刷

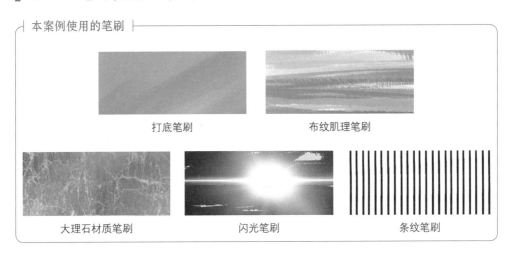

打底笔刷　　　　　　布纹肌理笔刷

大理石材质笔刷　　　闪光笔刷　　　　　条纹笔刷

01　把茶桌的大致形状绘制出来，以方盒子的形式概括地绘制出石凳。

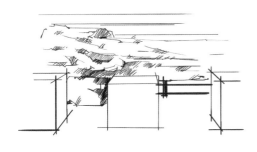

02　新建一个图层，然后用打底笔刷绘制底色，注意光源的位置和光感的表现，以及对整体明暗关系的处理。

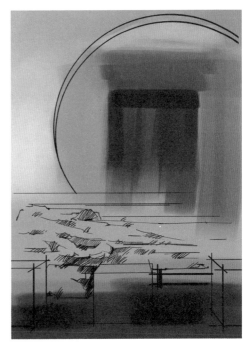

03 细化茶桌的木质纹理，注意表现出体块的结构，以及对明暗色调的刻画。然后用大理石材质笔刷绘制出石凳的质感。

04 用布纹肌理笔刷和条纹笔刷把背景的空间感和层次感大致地表现出来，不需要刻画得太精细，营造出一种朦胧的效果即可。

05 完善画面的细节，调整整体色调。用闪光笔刷绘制出一个灯光点，然后复制几份并调整至合适的大小和位置。

第 7 章

单色空间和彩色空间
效果图表现技法

7.1 单色空间效果图表现技法

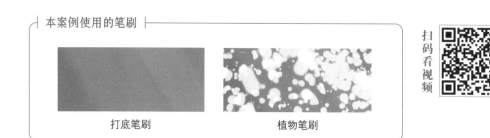

打底笔刷   植物笔刷

扫码看视频

01 新建一个图层，然后根据透视原理绘制出空间的线稿，注意线条的疏密变化。

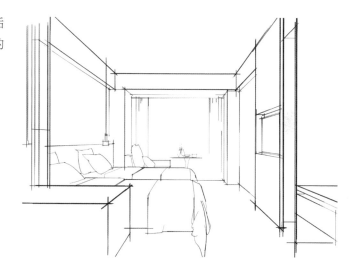

02 新建一个图层，然后用打底笔刷绘制出天花板、墙面和地面，要处理好颜色的深浅渐变效果。

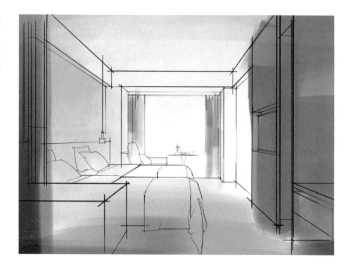

03 用打底笔刷从前面的物体开始刻画。先从暗部入手，再推画到灰部做渐变效果，加强前面物体的黑白灰关系。

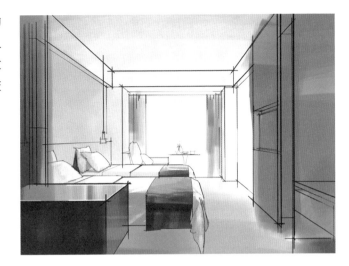

04 深入刻画前面的物体和中间的主体内容。重点是对主体内容的刻画，要强调造型并塑造出立体感。

05 用植物笔刷刻画桌面上的花，最后深入刻画不同材质的质感，完成绘制。

7.2 彩色空间效果图表现技法

本案例使用的笔刷

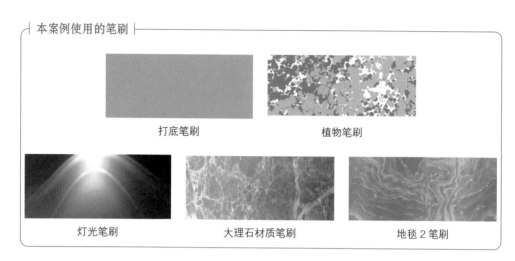

打底笔刷

植物笔刷

灯光笔刷

大理石材质笔刷

地毯 2 笔刷

扫码看视频

01 用软件自带的"凝胶墨水笔"绘制出空间的线稿，画时一定要注意线条的深浅变化，以及各物体造型的准确性。

02 新建一个图层，然后用打底笔刷给画面中的物体铺一层固有色。

03 从靠前的主体沙发开始，用沙发的固有色把明暗关系表现出来。

04 绘制出电视柜的明暗效果，然后把电视柜玻璃镜面的质感刻画出来。

05 用植物笔刷、大理石材质笔刷和地毯2笔刷完善画面中的其他细节，如地毯、地面材质和灯光效果。用灯光笔刷画出一个灯光点，然后复制几份，逐一调整大小、位置和深浅变化，完成绘制。

第 8 章

不同功能空间的效果图表现技法

8.1 客厅

大理石材质笔刷 | 轮胎笔刷 | 打底笔刷 | 边缘模糊笔刷

01 根据透视原理确定画面中空间的灭点，然后绘制出空间的基本结构。

灭点的位置与画面构图密切相关，要根据画面表现的主体确定。

窗帘的结构只需要用几根线条表现即可，不用刻画细节。

02 新建一个图层，然后根据草图绘制出具体的空间线稿。

注意区分线条的粗细，线条交叉的位置要出头，画时放松一些。

在画具体的线稿时，沙发采用横平竖直的线条表现，画的过程中注意控制沙发的比例。

因为后期要上色，所以线稿不用刻画得过于精细，也不用画光影。

03 线稿绘制完成后,将草图的图层隐藏。

04 完善空间中的家具和其他细节。

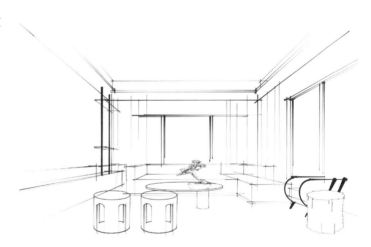

05 新建一个图层并填充底色,接着绘制灯光和抱枕。

在刻画灯光时,使用边缘模糊笔刷根据透视的方向直接画即可。

在画抱枕时,笔者采用了一种更便捷的方式,导入抱枕的图片,然后调整抱枕的位置和大小即可。

采用暖色作为底色,也是为了让画面更协调。

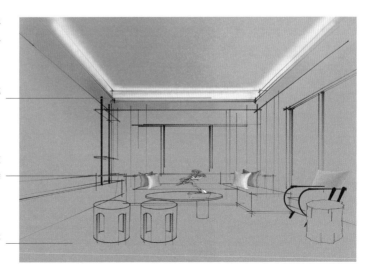

06 刻画天花板材质和灯光照射效果，用大理石材质笔刷绘制电视墙和电视柜，然后绘制出窗帘的质感。

天花板材质也是用边缘模糊笔刷来表现的，而且选择的颜色更暖一些，这样色调更显温馨。

因为窗帘不是该画面要表现的主体，所以不需要画得过于精细，这个阶段只需要刻画出大致效果即可，可以结合使用打底笔刷和布纹肌理笔刷来表现。

07 用贴图的方式把窗外的景色表现出来。在处理家具时，一定要考虑好光源的方向，把画面中家具的黑白灰关系表达清楚。

用贴图方式处理窗外的景色时，一定要把图片的不透明度和饱和度降低，如果图片的颜色太鲜艳，会影响画面的整体效果。

在表现家具时，坐垫一般都是受光面，颜色最浅，侧面的颜色相对较深，一定要把物体的面与面区分开。

08 用轮胎笔刷绘制出地毯，然后整体调整画面的黑白灰关系，完成绘制。

在表现地毯肌理时，要注意近大远小的透视关系。并在靠近窗边的地毯上加入冷色，让画面产生冷暖对比。

在刻画地毯时，靠近窗边的位置比较亮，远离窗边的位置比较暗，家具底下也是暗部，遵循这个规律就能表现好地毯的明暗效果。

8.2 卧室

本案例使用的笔刷

打底笔刷　　边缘模糊笔刷　　灯光笔刷　　布纹肌理笔刷

01 画出墙体的框架线，然后把对应的家具平面图也画出来，不用刻画太多细节。

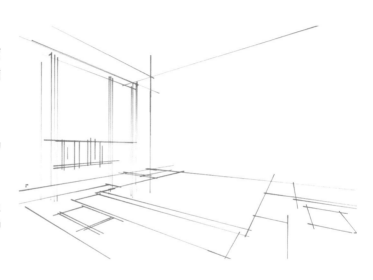

在画草图时，要把握好视平线的高度。

这一步不需要太在意线条的粗细，主要是让自己能看明白，能明确空间中家具的位置即可。

02 推敲确定家具的尺寸，画出草图。

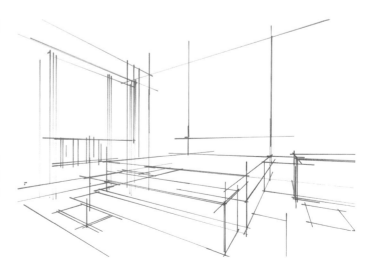

要注意家具的大小和比例，假如墙体的高度是 2.8 米，床头靠背的高度是 1 米，那么在绘制时就可以以此作为参考。

03 新建一个图层，然后根据草图绘制出空间的具体线稿。

在绘制具体线稿时要注意线条的粗细变化。

因为后期需要上色，所以这个阶段只需要画出大致的造型即可。

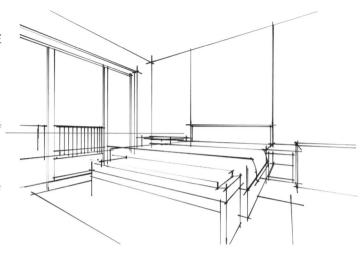

04 新建一个图层并填充底色，目的是让画面更统一。

在填充颜色时，线稿图层在上面，颜色图层在下面，这样上色就不会影响线稿图层。

填充的颜色需要根据画面的色调来选择，将填充的颜色作为画面的主色。

05 绘制天花板和床头背景，注意黑白灰关系。

在铺色调时要考虑画面的光影关系，分清楚光源是以室外的自然光为主还是以室内的灯光为主。如果是以室外的自然光为主，那么墙体上的渐变就是近处为深色，远处为浅色。如果是以室内的灯光为主，那么墙体的渐变就是上浅下深。

上色的基本流程是先画基本的色调，再画物体的材质。

06 用打底笔刷把软装部分的床头背景、窗帘、床垫表现出来，深入刻画整体空间的层次，然后把窗户外面的物体表现出来。

窗外的景色可以徒手画，也可以采用贴图的方式表现。因为该图属于夜景，所以外面的景色偏冷色调。

在画窗帘时不需要画得太精细，因为它不是刻画的重点，概括表现即可。

在表现床垫时，床垫顶部受到灯光的影响颜色会比较浅，而侧面的颜色较深。

在画床头背景时，要区分上面和下面的颜色，材质可以随意选择。

07 墙面上的灯光可用灯光笔刷画出来，然后根据空间调整灯光的大小和位置，最后深入调整不同材质的反光和画面的对比度。

在画墙体上的射灯时，需要先创建一个新图层，然后画一个灯光，接着通过3个手指在屏幕上同时滑动，即可复制、粘贴，最后调整灯光的大小和位置。

深入刻画阶段需要做的就是把质感表现到位，特别是材质在灯光照射下的深浅变化。

在画木材质的反光时，要弄清楚反光的位置，并采用垂直方向运笔的方式画反光。

8.3 餐厅

本案例使用的笔刷

灯光笔刷　　　　　　打底笔刷

边缘模糊笔刷　　　轮胎笔刷　　　大理石材质笔刷

01 根据透视原理画出空间的立面造型。

本案例属于一点透视，因此线条都是采用横平竖直的方式画出来的。在勾勒里面的结构时，要注意推敲立面的具体造型。

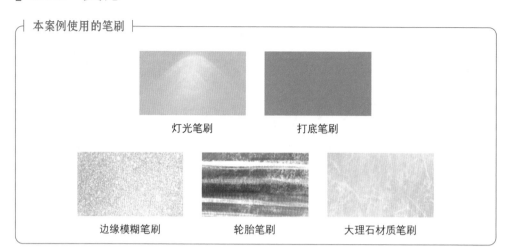

02 画完草稿后将图层的不透明度降低，然后用"凝胶墨水笔"根据草图进一步完善空间的结构。

用"凝胶墨水笔"绘制线稿时要注意线条的粗细变化，线条相接的地方要出头，这样画出的线条才不会生硬、呆板。

在绘制立面造型时要注意结构的空间关系。

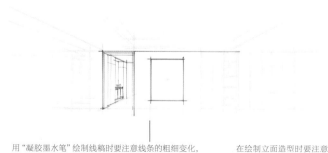

03 将所有的墙体和造型绘制出来，完成线稿的绘制。

这一步不用把材质和光影画出来，后面通过上色表现会更快、更真实。

在绘制造型时，一些多余的线条需要擦除，而且线条之间都需要闭合，以免后期上色时出现框选不了的问题。

04 新建一个图层，使用打底笔刷画出大致的色彩关系，然后对木材质进行刻画。

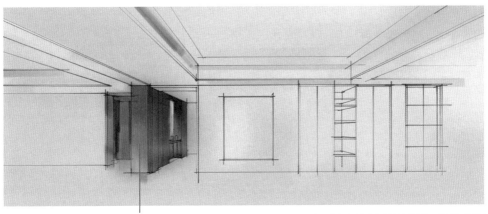

在画木材质时，要先表现明暗关系，当体块的面与面区分开后，再新建一个图层，用木材质的笔刷刻画就会非常简单了，画的同时注意上下颜色的深浅变化。

铺大关系时也需要注意色彩的冷暖变化，同时注意控制笔触大小。整体色调应该比较明快，不要出现过重的颜色。

05 刻画玻璃材质和木材质，注意处理好反光。

刻画天花板上的木材质时，要考虑好前中后的颜色深浅变化。

刻画玻璃材质时应该选择比较浅的颜色，注意颜色上深下浅的变化，还有对高光的处理。如果需要表现反光，要根据透视来画反光部分。

06 完善立面的材质表现，把餐桌椅的草图画出来。

在表现餐厅背景墙时，先画出一个六边形的线稿，然后复制粘贴即可。上色时需要新建一个图层，这样线稿和色彩互不影响，此外还需要注意颜色的上下渐变关系。

对左边的大理石材质先用打底笔刷画出深浅变化，然后用大理石材质笔刷表现纹理，大理石纹理的颜色和底色不要太接近，否则很难显示出来。

在表现餐桌椅时，需要新建一个图层，画的时候注意把握好比例。

挂画呈上浅下深的渐变效果，此处用的是软件自带的笔刷，也可以根据自己的喜好随意进行表现。

07 用大理石材质笔刷把地面的大理石材质表现出来，然后绘制射灯，并完善画面的整体效果。

射灯的绘制方法前面讲过。在画灯具时要遵循透视原则，表现出若隐若现的质感。

在画地面的大理石材质时，要注意地面的光影关系，在餐厅的主光源处的大理石颜色比较浅，远离灯光处的颜色就会比较深。

08 新建一个图层，重新把餐桌椅的线稿画出来，然后调整画面的细节，完成绘制。

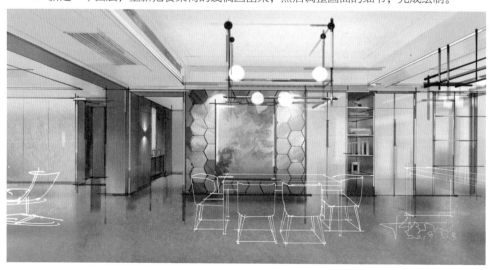

8.4 会客厅

本案例使用的笔刷

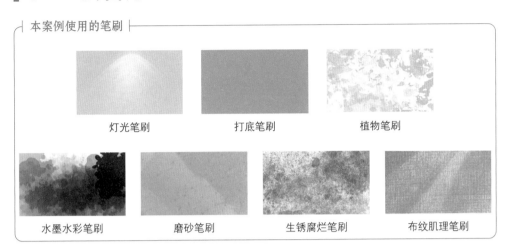

灯光笔刷　　　　打底笔刷　　　　植物笔刷

水墨水彩笔刷　　磨砂笔刷　　　生锈腐烂笔刷　　布纹肌理笔刷

01 先确定灭点，绘制出墙体的框架透视线。

因为视平线的高低决定着空间的进深感，所以要找准灭点的位置。

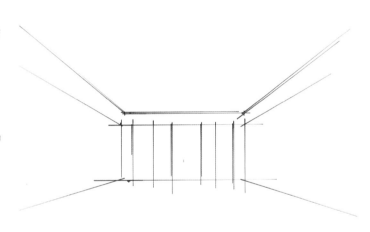

02 对右边的架子进行分割，注意比例关系。然后用方盒子的形式概括地绘制出天花板上的吊灯。

因为该空间是左右对称的，并且整个空间会采用厚涂法上色，所以只需要画好右边，再通过镜像的方式即可得到左边。

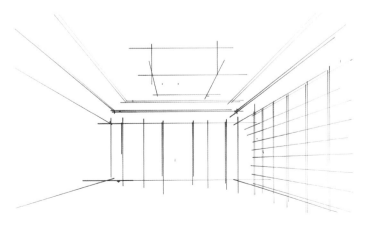

03 新建一个图层，然后用打底笔刷表现出空间的整体颜色。

右边的格子由于受灯光的影响，颜色上下重、中间浅。

04 丰富墙体的结构。远处的背景墙用木材质表现，同时用线条把中式屏风的格子表现出来，要控制好格子的大小。

05 丰富右边架子的黑白灰关系，让画面更具有光感。

选用浅色一步一步地提亮右边的格子，这样就可以把物体的空间感表达出来。在表现高光时，只需要在中间提亮。

06 用打底笔刷继续丰富和完善天花板的颜色，然后细化吊灯的造型，画时要注意透视关系。在画暗藏的灯时，要控制好灯光边缘的柔和度，并且要表现出渐变效果。

07 将绘制好的右边的空间另存一份，然后重新导入进来进行镜像处理，接着调整好位置就可以得到一张左右对称的图。注意一定要对齐，如果不对齐会影响整体效果。

08 用线框的方式把家具的结构关系表现出来。

在画家具的线稿时，一定要控制好比例和左右对称关系，如果没有控制好家具的比例，整个空间要么会显得很压抑，要么会显得很空旷。

09 降低家具草图图层的不透明度，然后新建一个图层重新绘制一遍，将家具的结构表达清楚。

10 开始为家具和地毯上色，画时要注意黑白灰关系和投影关系。

地毯可以选用一些水墨笔刷进行表现，无论怎么画，最重要的是处理好光感，因为主要的光源是从头顶上打下来的，所以在茶几周围会比较亮，而远离茶几的地方就会比较暗，把握好这一规律就很容易画出地毯的光感效果。

因为在整个空间中，家具不是表现的重点，所以只需要把大致的明暗关系和体块关系表现出来即可。另外，靠枕和桌花要选用红色调进行表现，这样整体的色彩才会有联系。

11　把最前面的两个靠枕画出来，然后复制一份移到另外一边，画的时候要考虑色彩的鲜艳程度。最后裁切一些多余的边缘，让画面显得更完整。

8.5　会议室

本案例使用的笔刷

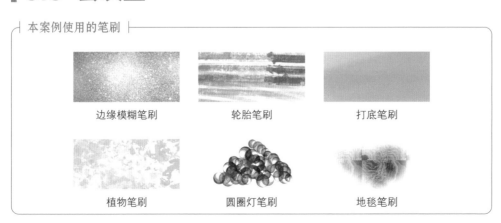

边缘模糊笔刷　　　　轮胎笔刷　　　　打底笔刷

植物笔刷　　　　圆圈灯笔刷　　　　地毯笔刷

01 采用草图的方式把墙体的框架和各平面的透视关系表达清楚。

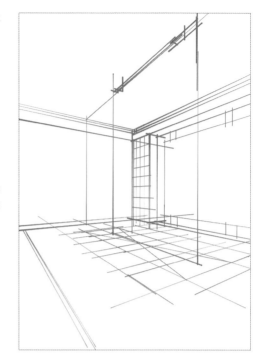

画草图其实就是推敲空间的平面关系和立面的造型，千万不要带着一种一定要画成与书中图片一模一样的心态，重点是将思路理清楚，这样以后就可以举一反三。

02 新建一个图层，根据草图开始绘制空间的具体线稿。

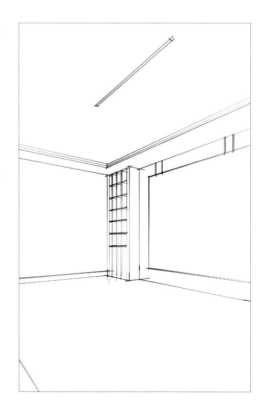

画具体线稿时先把草图图层的不透明度降低，线条与线条之间交接的地方要出头，并且要控制好运笔的力度和线条的粗细。

03 回到草图图层，将草图图层的不透明度调高，然后对办公桌和椅子进行拉伸。接着新建一个图层绘制出家具，只需要画出一个椅子，然后复制粘贴，再调整椅子的位置和大小即可。

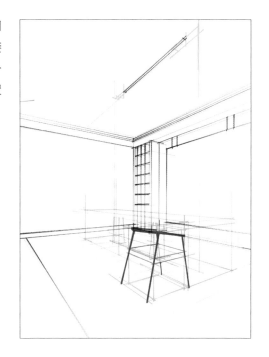

04 完善画面的线稿。刻画时把结构和大关系表达清楚就行，没有必要排线。

对天花板上的灯只需要确定出位置即可。

画远处的画框时要注意透视变化，要遵循线条外粗内细的规律。

画办公桌时要新建一个图层，再根据草图画出准确的结构。

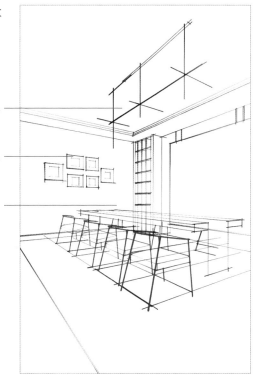

05 新建一个图层，然后选择黄灰色填充整个图层，线稿图层在色彩图层上面，这样上色时就不会覆盖线稿。

天花板和墙体都要表现出渐变效果。

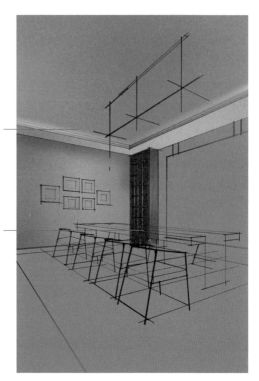

在画柜子时要考虑好上下颜色的渐变关系，要遵循上下重、中间浅的规律，画完大的底色关系后再选用木材质笔刷表达肌理，尽量选择浅色，以便凸显出木材质的肌理。

06 对画面进行深入刻画。

挂画采用贴图的方式处理，导入图片后注意调整图片的大小、位置和色调。

刻画办公桌时一定要注意顶部是浅色、侧面是深色，而且在画的过程中要考虑好每个面的渐变关系，并不是整体平涂。

07 深入刻画画面中的家具和各种饰品的效果。

在画灯具的过程中，要遵循好大近远小的透视规律。

挂画处于靠后的位置，只需要把握好大的形体关系即可。

桌子上的花瓶采用贴图的方式表现，注意调整图片的亮度和对比度，然后用植物笔刷刻画花朵，要表现出花的蓬松感，不要画得太过琐碎。

椅子的扶手和靠背用深灰色平涂，刻画出一些细节的高光。因为坐垫受到灯光的影响，所以颜色会比较浅。

地毯可以用笔刷绘制也可以用贴图表现，控制好投影的深浅变化就可以了。画木地板时要表现出肌理和通透感。

08 把多余的一些画面裁切掉，最后再进一步调整局部的细节，完成绘制。

8.6 办公前台

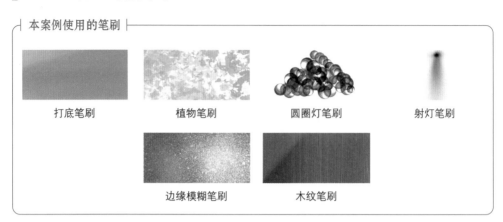
01 开启"透视辅助"功能，然后确定灭点的位置，画出前台的基本结构。

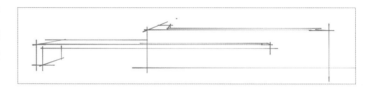

02 在画前台背景时要考虑好立面造型，以及分割比例的合理性，把握好比例关系才会有空间感。在画天花板上的木纹材质时要用双线，这样才能表现出其厚度。

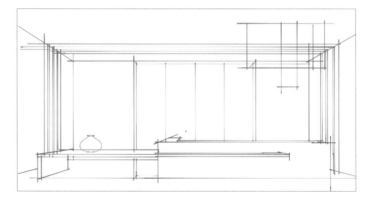

03 调整线条的颜色，将线框改成黑色。

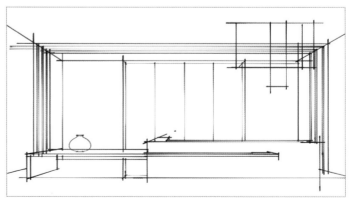

04 新建一个图层并填充底色，让画面的色调更协调。

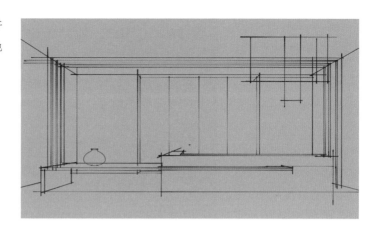

05 再新建一个图层，然后将该图层移至线稿图层下面，接着用边缘模糊笔刷画出背景的明暗关系。因为主要的光源是从中间的射灯和吊灯发出来的，所以边缘颜色重、中间颜色浅。

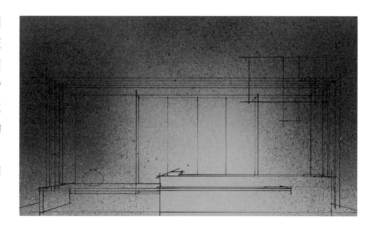

06 新建一个图层，然后用木纹笔刷刻画天花板的材质，画时要注意亮度和渐变关系。

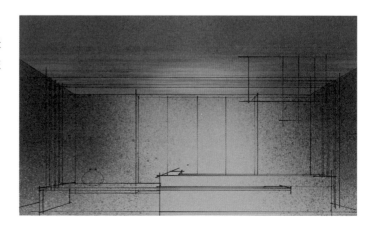

07 刻画前台背景的材质。画大理石背景墙时要框选该区域，然后用打底笔刷或其他笔刷绘制出深浅变化。再新建一个图层，刻画大理石的纹理，注意区分纹理的颜色与底色。对背景中的红色岩石采用同样的方法进行处理。

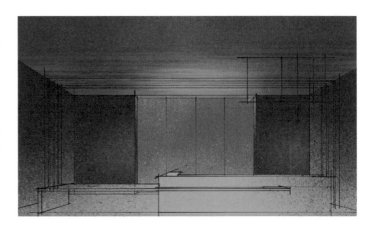

08 将左右两边墙体的颗粒感底色删除，然后对前台进行上色。

在画木材质时也要区分亮部和暗部。

在画大理石材质时，一定要用两个图层，一个是底色图层，另一个是纹理图层，纹理的颜色要么比底色深、要么比底色浅，这样才能表现肌理。

在画前台时要注意顶部是受光面，侧面是背光面，要把两个面的颜色区分开。

09 用边缘模糊笔刷对地面进行刻画，画时要注意中间亮两边暗，颜色是有变化的。

用边缘模糊笔刷在墙体的左右两边绘制出深浅不同的颜色，注意上重下轻。

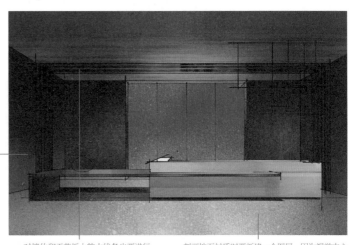

对墙体和天花板上的木线条也要进行大色块区分，画的过程中一定要控制好颜色的深浅变化。

刻画地面材质时要新建一个图层，因为视觉中心在中间，所以地面的颜色也是在中间且比较亮，而四周不会受到太多灯光的影响，所以颜色比较暗。

10 刻画灯光和植物的材质，然后调整画面的黑白灰关系，完成绘制。

在画前台背景后面的射灯时要先新建一个图层，用射灯笔刷画出一个，接着用3根手指在屏幕上从上往下滑动进行复制粘贴，最后调整灯光的大小和位置即可。

画植物时要处理好陶瓷罐子的高光和反光，笔触不能太碎，尽量整体一点，而且颜色选用了暖色调，能让整个画面更加协调。

分割地面时注意透视关系。

大理石背景墙用浅灰色线条分割，画出砖的结构，这样能让画面显得更有层次感。背景墙的图案采用贴图的方式处理。文字可以手写，也可以将做好的文字图片直接插进来。

画前台上面的吊灯时，要考虑好灯泡的造型。发光体的闪光点用圆圈灯笔刷直接在画面上点就可以了，在画的过程中要注意闪光点的大小和位置。

▌8.7 会所空间

▌本案例使用的笔刷

打底笔刷	皮革笔刷	植物笔刷	锯齿状笔刷

01 新建一个图层，然后用蓝色绘制出空间草图。绘制时开启"透视辅助"功能，把大体的空间关系表达出来就可以了。

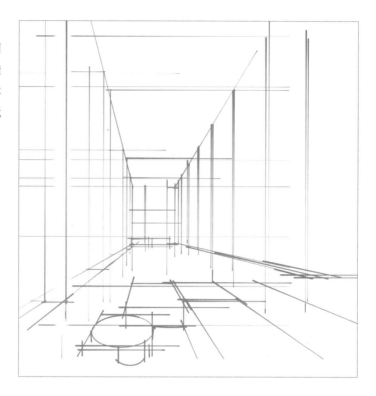

02 降低草图图层的不透明度，然后新建一个图层绘制空间的线稿。从局部开始刻画，画的线条要有粗细之分，线与线之间必须要出头。

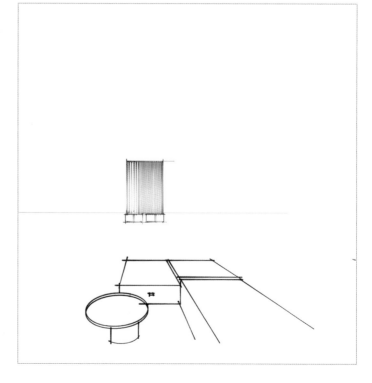

03 完成空间线稿图的绘制，注意大的结构关系要画准确。

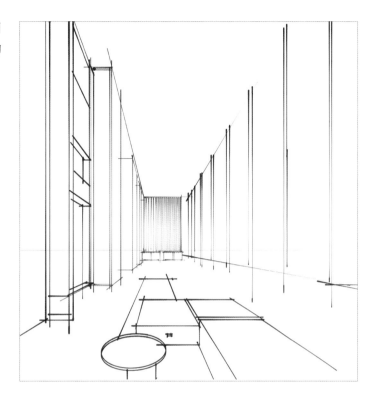

04 新建一个图层，将该图层移至线稿图层下面，然后填充颜色，并用打底笔刷表现出整体的色彩关系。这时无须注意太多细节，把握好大的明暗关系和固有色关系即可。

05 开始刻画前台背景墙的质感。

06 绘制出墙体的材质和天花板上的暗藏灯。

画天花板上的暗藏灯时，可用边缘模糊笔刷进行刻画。

在画左边的木材质时要注意结构比例和分割关系，以及线条的粗细变化。

画右边的材质时要开启"绘画辅助"功能，这样画出来的线条才能横平竖直。

07 新建一个图层，然后将该图层调整至木线条图层下面，接着用打底笔刷画出灯光，注意灯光的颜色要柔和，渐变要自然。

08 刻画家具的质感。这时要注意整体明暗关系和家具之间的空间关系，绘制时要灵活利用笔刷和图层。

09 刻画天花板时可以选用软件自带的笔刷，用笔刷本身的肌理感表达出软膜的天花造型，注意把握好透视规律。用白色大致画出天花板上筒灯的形即可，注意调整筒灯的位置和大小。

10 将画好的图另存一份，然后导入该图片进行垂直翻转并调整位置，接着调整画面的不透明度和纯度让地板产生有倒影的效果。

8.8 大堂空间

边缘模糊笔刷

大理石材质笔刷

打底笔刷

小数点笔刷

01 根据透视关系绘制出空间的线稿，注意把握好视平线的高度。

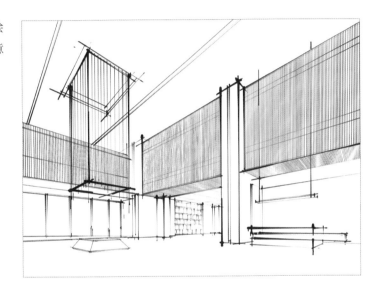

02 新建一个图层并填充底色，让画面的色调更统一。

在填充颜色时，线稿图层在上面，颜色图层在下面，这样就不会影响线稿。

因为画面整体为暖色调，所以在填充颜色时可以选择暖色调的颜色进行填充，以作为画面的基调。

03 为了更好地表现出块面感，需要将墙体上的竖线条隐藏。然后新建一个图层，并将该图层移至线稿图层下面，接着调整画面的整体色彩关系。在刻画大理石材质时，需要区分墙体的两个面的明暗。

04 采用贴图的方式表现窗外的景色，将贴图导入进来之后，需要降低贴图的不透明度、亮度和纯度。

05 书柜属于远景，不是画面的主体，因此只需要表现出基本的色彩关系即可。然后让墙体上的竖线条显示出来，以使画面更完整、协调。

06 采用平涂的方式画出地面的材质，注意对倒影的处理。

07 刻画吊灯的材质和前台背景的图案。

在画吊灯时需要新建一个图层，然后用白色刻画，注意颜色的
变化和光感的表现。

前台背景的图案用贴图的方式处理，注意调整好贴图的位置、
颜色和不透明度。

08 调整好画面的黑白灰关系，然后加入壁灯。接着对地板进行细致刻画，注意光线的冷暖和颗粒感的营造。刻画地板更多的是对光影的处理，而不只是刻画大理石材质本身。

第 9 章

室内夜景效果图
表现技法

9.1 室内夜景效果图表现技法

夜景效果图的明暗对比强烈，一般室外天空的颜色偏冷色调，室内多使用暖色调，光源一般为环境光且光源较为复杂，建筑立面的明暗变化较为柔和。

绘制夜景效果图比绘制日景效果图的注意事项多，主要有以下几点。

第1点，环境光和其他光源要相互搭配，画面不宜过亮，否则就没有层次感。

第2点，与甲方沟通时要了解清楚夜景的色调和所要表现的区域。

第3点，画面的整体亮点不宜过多，主要表现1~2个即可，以免分散视觉中心。

第4点，理解效果图所画空间的属性，对不同的空间要区别表现，如客厅、餐厅、卫生间等，不同的场所区域，夜景效果图的表现效果都不一样。

9.2 卫浴空间夜景效果图表现技法

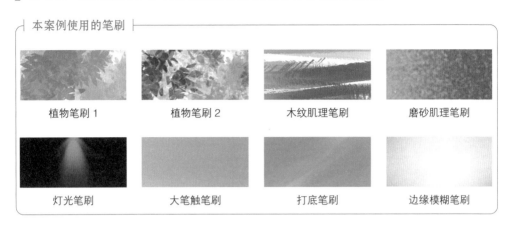
01 根据一点透视的原理绘制出空间的线稿，注意线条的疏密变化和粗细之分。

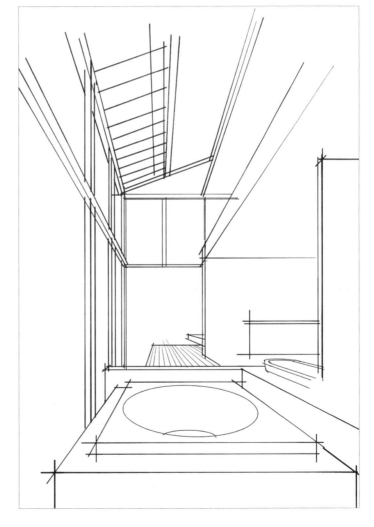

02 在线稿图层下面新建一个图层，然后填充颜色，使整个画面的色调更协调统一。接着用打底笔刷区分一下灯光的位置，注意表现出整体的明暗关系。

03 绘制前景洗手台的质感，注意层次关系。

04 绘制出天花吊顶上的玻璃，注意整体空间的前后关系，以及光感的表现。因为这是一张方案概念效果图，所以绘制的时间不能太长。

05 对玻璃上反射的物体用色块概括地表现，只需要表现出大致的色彩关系就可以了，不需要刻画细节。

06 深入刻画整体空间。绘制出陶瓷质感，然后用灯光笔刷把墙体上的灯光画出来，只需要绘制一个，再复制粘贴出其余的灯光，并调整好所有灯光的大小和位置。

07 将画好的图层合并，然后复制一份并粘贴到左边，以表现出镜面玻璃的反射效果，注意要适当降低复制出来的这个图层的亮度和对比度。

9.3 前台空间夜景效果图表现技法

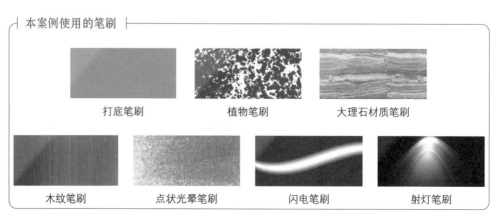

┤ 本案例使用的笔刷 ├

打底笔刷　　　　　植物笔刷　　　　　大理石材质笔刷

木纹笔刷　　　　　点状光晕笔刷　　　　闪电笔刷　　　　　射灯笔刷

01 新建一个图层，并开启"绘画辅助"功能，找准灭点。然后用软件自带的"凝胶墨水笔"绘制出空间的结构，注意线条的粗细变化。

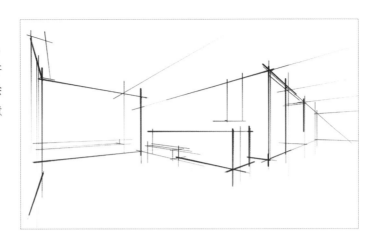

02 新建一个图层，然后选择主色调的颜色填充整个图层，接着用打底笔刷区分出整体空间的明暗关系。再绘制出展示墙体的大色调。

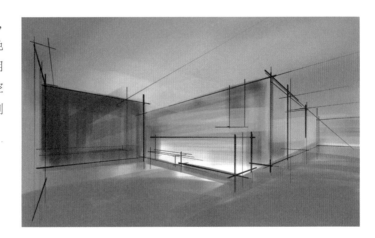

03 完善天花板和地面的颜色，绘制出天花板上的灯光，接着把展示墙体的层次分开，并加上射灯效果。

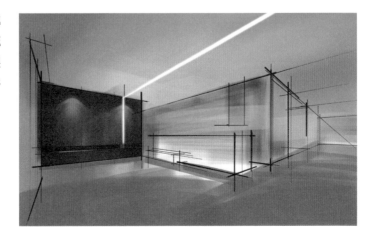

04 前台背景的纹理可用大理石材质笔刷表现，注意中间位置的颜色比较亮，靠近天花板的颜色比较暗。还要控制好纹理线条的粗细变化和走向。

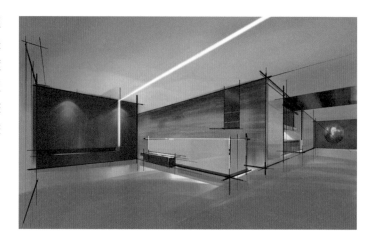

05 开启"透视辅助"功能，绘制出天花板上的射灯。接着把地面上的反射效果和质感表现出来，靠近视觉中心的位置比较亮，远离视觉中心的位置比较暗。

06 绘制出墙体上的射灯，然后画出绿植等饰品，最后调整画面的质感、亮度和对比度，完成绘制。

第 10 章

平 / 立面图表现技法

10.1 平面图表现技法

10.1.1 夜景平面图

本案例使用的笔刷

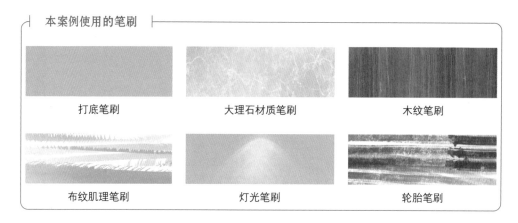

打底笔刷　　　　　　大理石材质笔刷　　　　　　木纹笔刷

布纹肌理笔刷　　　　　　灯光笔刷　　　　　　轮胎笔刷

01　降低原始平面图的不透明度，然后新建一个图层，用红色重新绘制墙体的线条。如果方案需要改动可以直接在上面修改，这样会非常快捷。

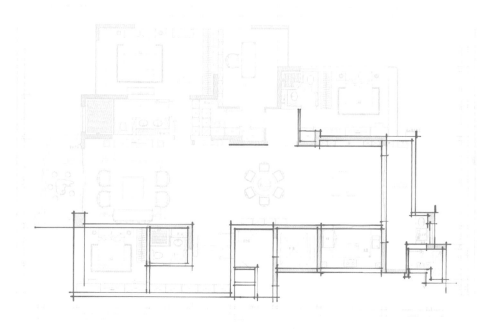

02 把墙体的轮廓线画完，线条与线条之间一定要闭合。

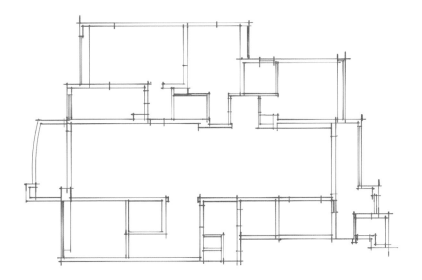

03 根据比例绘制出家具。绘制时可以灵活一些，以表现出手绘的特点。

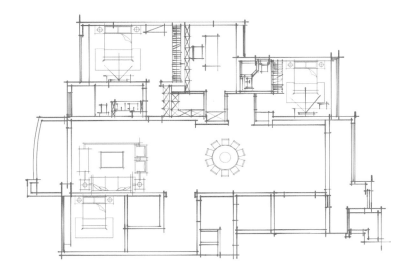

04 完善家具和厨房物品等细节，完成线稿绘制。

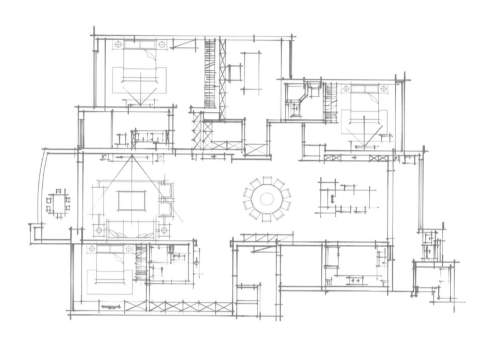

05 降低线稿图层的饱和度和明度，将线稿变成黑色，然后新建一个图层并置于线稿图层上面，接着选择暖色调的颜色填充图层。

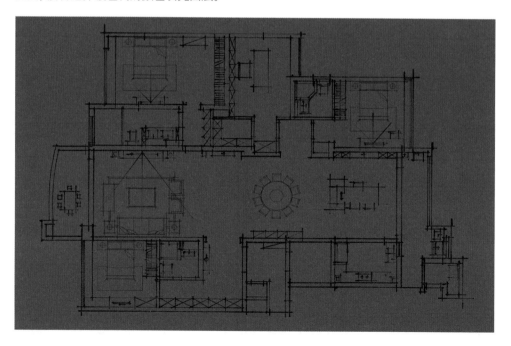

06 选择需要的区域，画出木地板的线稿，注意线条的间距。然后用大理石材质笔刷绘制客厅中的地面材质，注意纹理大小。

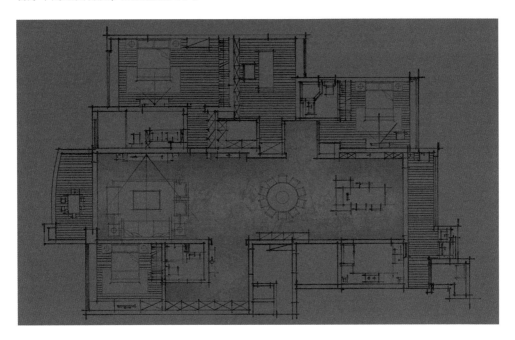

07 用灯光笔刷绘制出室内的光源，以表现出夜景的效果。光源的位置需根据具体的设计方案而定。

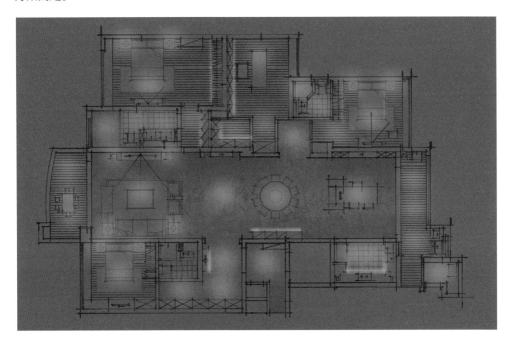

08 整体调整画面的明暗关系，可以通过调整相应图层的亮度和对比度来实现。

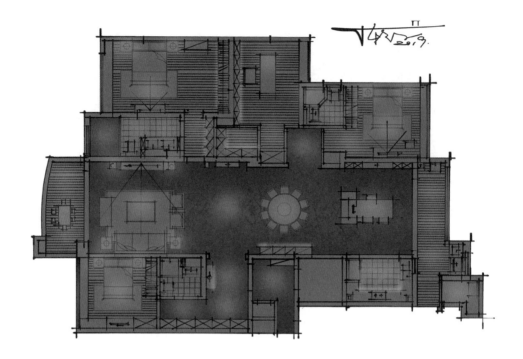

10.1.2 日景平面图

01 画出平面布置图，注意线条的粗细变化，线条之间一定要闭合。

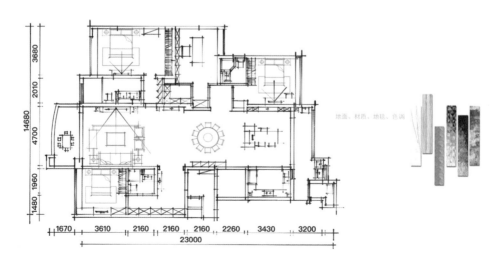

02 选择需要的区域，然后新建一个图层，在新的图层上画出木地板的线稿，注意线条的间距。

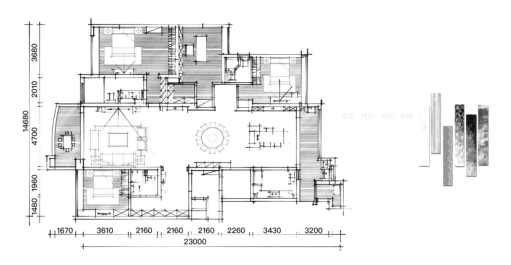

03 框选客厅和餐厅区域，然后新建一个图层并填充地面的底色。

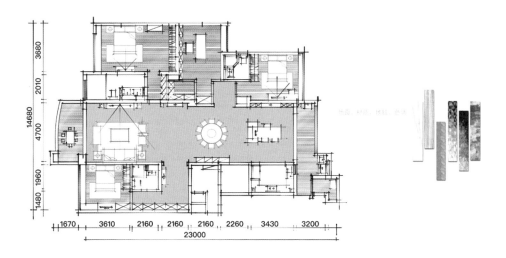

04 框选客厅和餐厅区域，再新建一个图层，然后用浅色的大理石材质笔刷把客厅地面和餐厅地面的材质表现出来。接着框选木材质区域并填充黄灰色。最后绘制出家具和地毯的颜色。

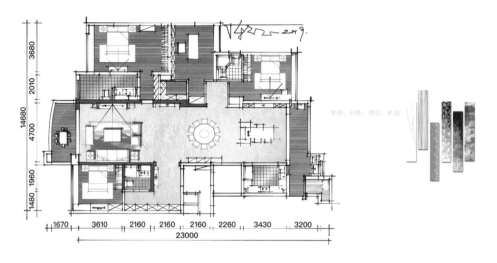

10.2 立面图表现技法

01 在平面图中将需要绘制立面图的区域截取出来，然后新建一个图层并向上拉伸。具体的立面造型，可根据不同设计师的设计思路来

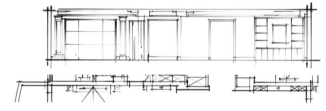

表达。毕竟手绘图不是 CAD（Computer Aided Design，计算机辅助设计）制图，主要是快速地表达出设计思维。在画完线稿后要确保线条是闭合的。绘制时一般会开启"绘画辅助"功能，这样能保证画出的线条是水平或垂直的，画的线条也要有粗细之分。

02 上色时遵循上下颜色深、中间颜色浅的规律，然后再把射灯画出来。在画立面图时，只要遵循这些规律就会很简单。需要特别注意的是光线的方向和图层的顺序。

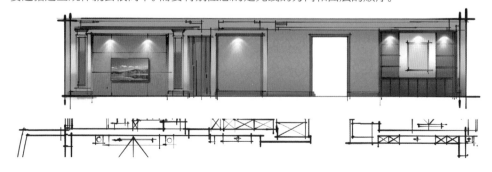

第 11 章

鸟瞰图表现技法

11.1 家装空间一点透视鸟瞰图

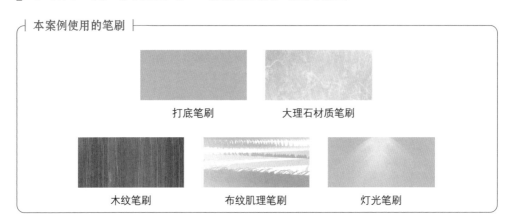

打底笔刷　　　　大理石材质笔刷

木纹笔刷　　　布纹肌理笔刷　　　灯光笔刷

01 打开原始的平面图。

02 把原始平面图复制一份，并将复制出来的图层的不透明度调低，再等比例放大。

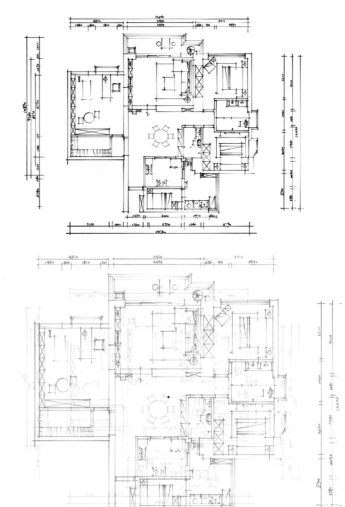

03 把原始平面图的图层隐藏，然后新建一个图层，根据调整后的平面图重新绘制墙体的线条。

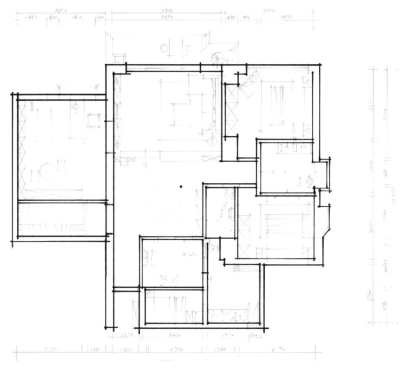

04 把复制出来的平面图的图层隐藏，然后让原始平面图的图层显示出来。

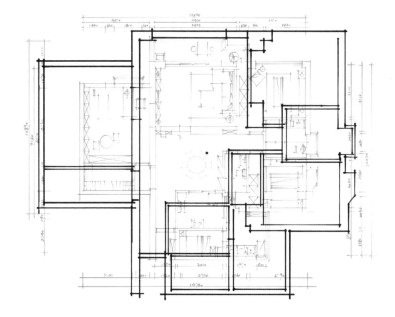

05 开启"透视辅助"功能，确定好透视关系和灭点的位置，然后把所有的墙体向下拉伸。

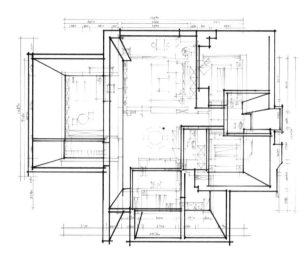

06 完善空间结构的鸟瞰图，然后隐藏原始平面图的图层。

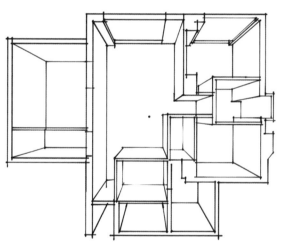

07 根据透视和比例关系绘制出空间内的家具。

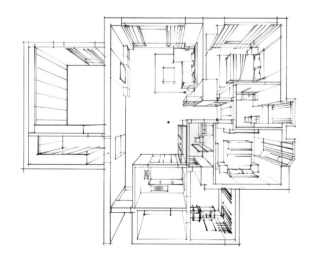

08 把相应房间内的材质表现出来。

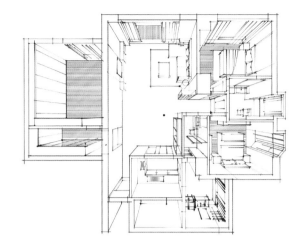

09 给木地板的材质上色。

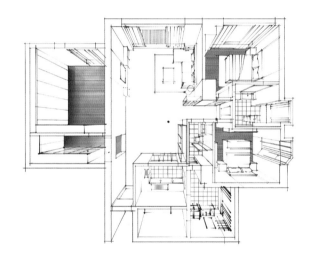

10 绘制客厅、厨房、卫生间和阳台等区域的材质，绘制时要注意保持色调统一。

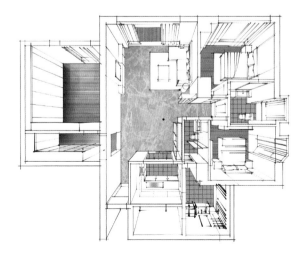

11 深入刻画房间内墙体上的灯光材质。

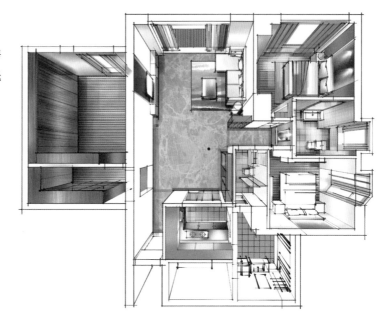

12 完善其他房间的材质表现，完成鸟瞰图的绘制。

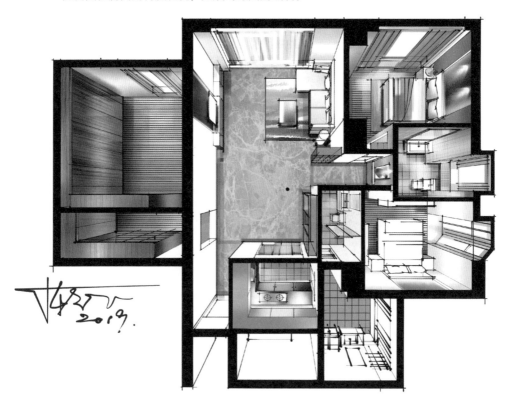

11.2 家装空间两点透视鸟瞰图

> 本案例使用的笔刷

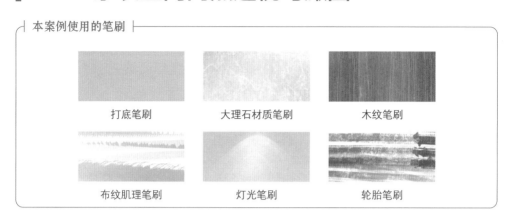

打底笔刷　　　　　　大理石材质笔刷　　　　　　木纹笔刷

布纹肌理笔刷　　　　　　灯光笔刷　　　　　　轮胎笔刷

01 打开原始的平面图。

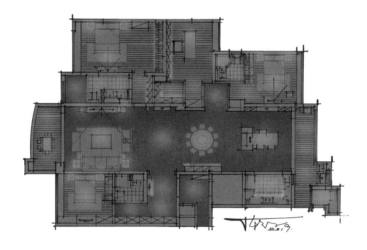

02 选择需要表现的主要区域,调整平面图的方向,并确定好透视关系。

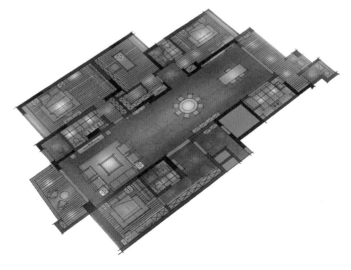

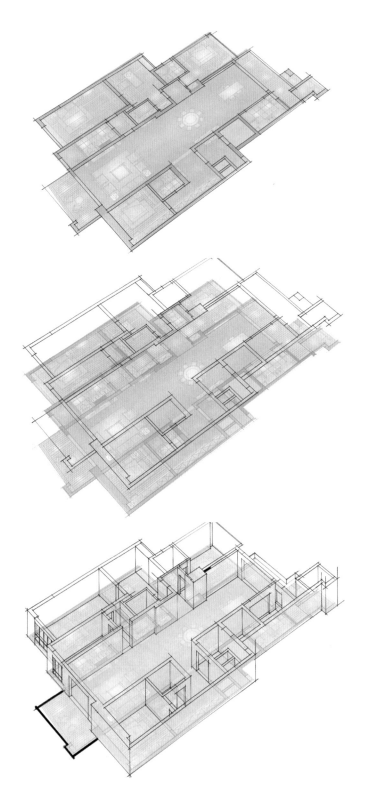

03 降低原始平面图图层的不透明度，然后用"凝胶墨水笔"绘制出平面图的墙体线条。

04 复制画好线条的平面图图层，然后将其向上垂直拉伸。

05 用竖线把上下相对应的线连接起来。

06 完成鸟瞰图线稿的绘制。

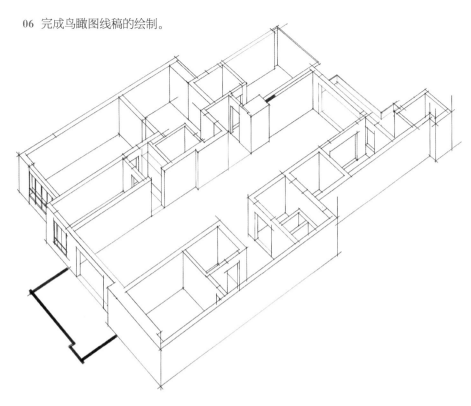

07 给房间的地面上色，画的过
程中要注意透视关系。

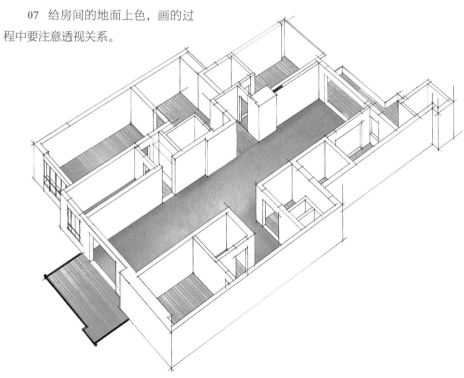

08 把立面图拷贝出来，然后对其进行缩放和扭曲处理，调整好角度和位置。

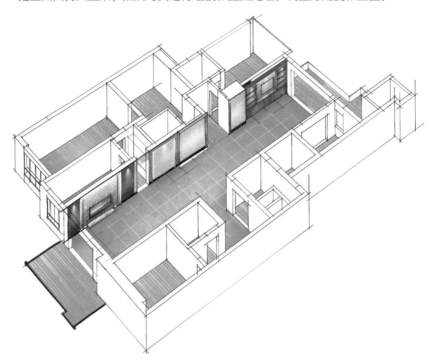

09 完善整个画面的黑白灰关系，并调整细节，完成绘制。

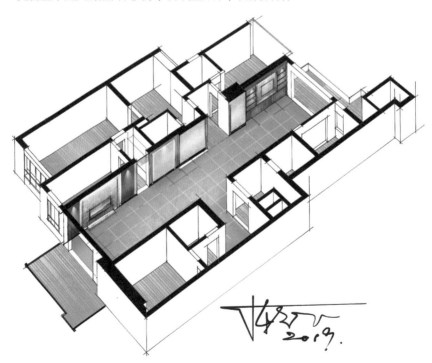

第 12 章

平面图转空间效果图

12.1 平面图转空间效果图的原理

本节主要讲解平面图转空间效果图的基本原理，通过最简单的盒子概念讲解基本的转换关系，以便读者循序渐进地过渡到后面的学习内容。

12.1.1 平面图转一点透视空间效果图

01 绘制出空间的平面分区图。

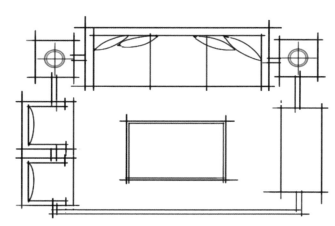

02 根据透视原理对平面分区图进行变形处理。

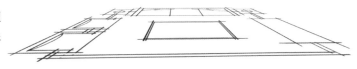

03 拉伸出空间体块，注意体块的比例关系。

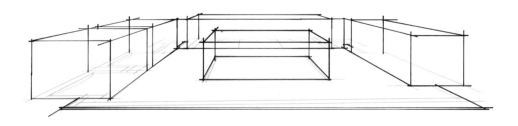

12.1.2 平面图转两点透视空间效果图

01 导入绘制好的平面分区图。

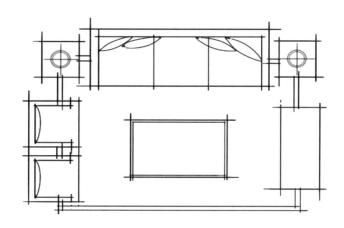

02 根据两点透视原理确定需要表现的角度和视平线的高度。

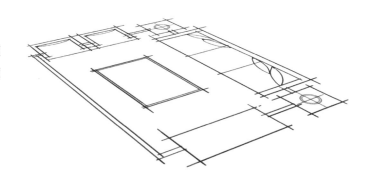

03 降低平面分区图的不透明度，然后根据平面分区图拉伸生成空间体块。

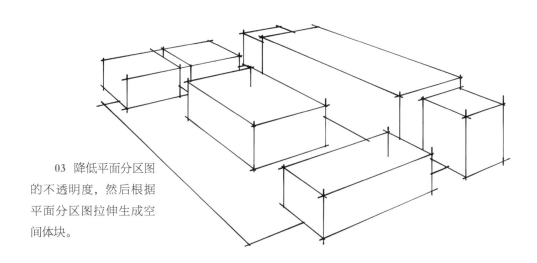

12.1.3 单体平面图转一点透视效果图

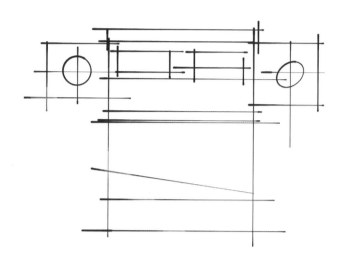

01 以几何图形的方式概括地绘制出床体的平面图。

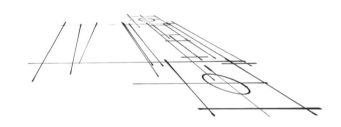

02 开启"透视辅助"功能，根据透视原理对平面图进行变形处理。

03 根据平面图绘制出体块。

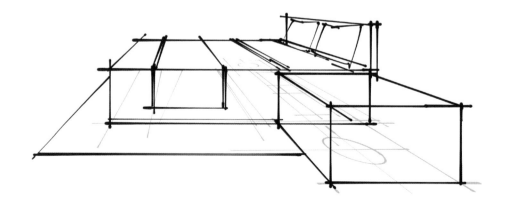

12.1.4 单体平面图转两点透视效果图

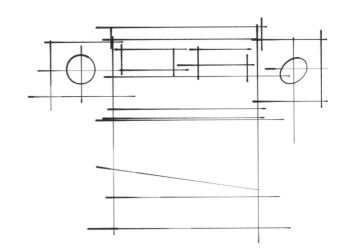

01 导入绘制好的床体平面图。

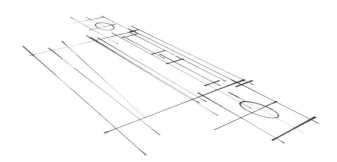

02 开启"透视辅助"功能,根据两点透视的原理对平面图进行变形处理。

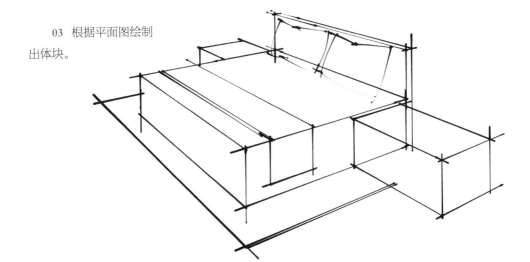

03 根据平面图绘制出体块。

▌12.2 卧室平面图转空间效果图

下面讲解将卧室的平面图转换为一点透视空间效果图的方法。卧室的色调一般是比较温馨的，因此选用暖色调作为基础色调。

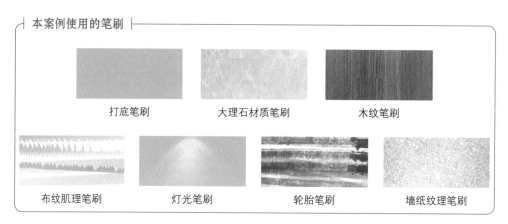

| 本案例使用的笔刷 |

打底笔刷　　　　大理石材质笔刷　　　　木纹笔刷

布纹肌理笔刷　　灯光笔刷　　轮胎笔刷　　墙纸纹理笔刷

01 绘制出卧室的平面图。

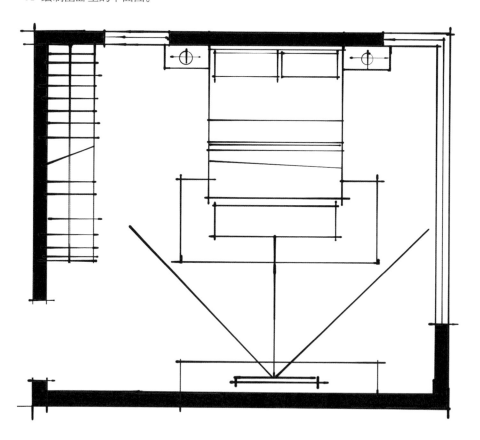

02 根据一点透视的原理调整平面图的角度，然后根据平面图从墙角处向上拉伸。

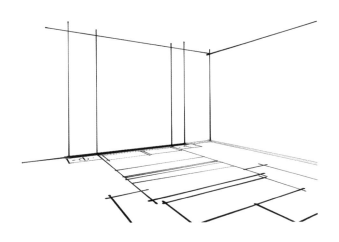

03 降低平面图图层的不透明度，然后新建一个图层，根据平面图绘制出家具等的立体结构，窗帘用线条概括出来即可。注意线条的粗细变化，线条与线条交接的地方一定要出头。

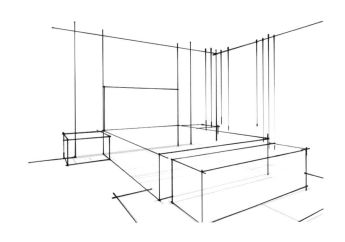

04 降低草图图层的不透明度，然后新建一个图层绘制线稿，画床单时，有些线条不用画出来，这样可以使床单的转折显得更柔软。

05 完善天花吊顶和床头靠背的造型，一定要注意线条的粗细变化，要通过线条体现出空间感。

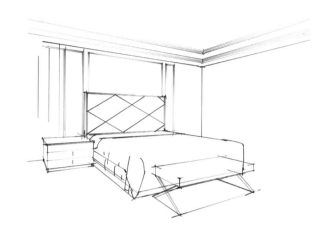

06 新建一个图层并填充颜色，注意让线稿图层在上面，让颜色图层在下面，这样上色时就不会影响线稿。用框选工具选中床头背景区域，用打底笔刷平涂灰色，注意颜色的深浅变化，以便表现出真实的光感。

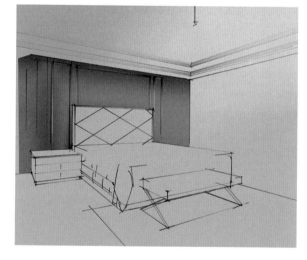

07 铺大色块，刻画窗帘区域，要注意颜色搭配、色块的大小和走向。天花吊顶也用色块来表现，注意颜色的深浅变化。

08 画床时要注意床体顶面和侧面的颜色深浅变化，靠近台灯处因受到光源的影响颜色会变浅。

09 绘制床头靠背、床头柜和椅子的颜色，绘制时要考虑好颜色的冷暖和深浅变化，注意光源对材质质感产生的影响。

10 用木纹笔刷绘制出木地板的质感，需要根据透视方向绘制纹理。靠近窗边的地毯颜色相对较浅。吊灯采用贴图的方式处理，注意调整贴图的大小和位置。

12.3 餐饮空间平面图转空间效果图

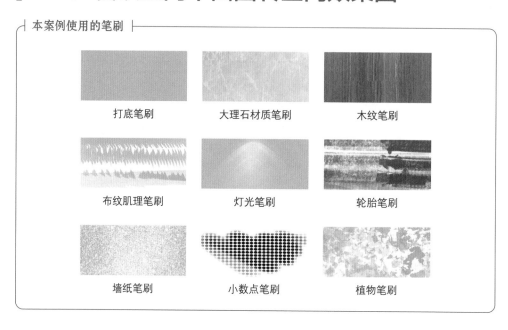

打底笔刷   大理石材质笔刷   木纹笔刷

布纹肌理笔刷   灯光笔刷   轮胎笔刷

墙纸笔刷   小数点笔刷   植物笔刷

01 快速勾勒出餐饮空间的平面图。

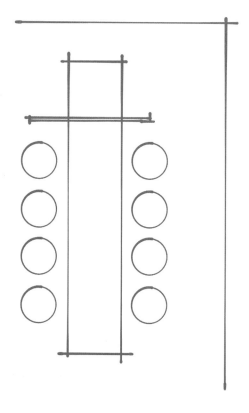

02 根据透视原理对
平面图进行调整。

03 新建一个图层，
然后根据平面图画出墙
体的结构。

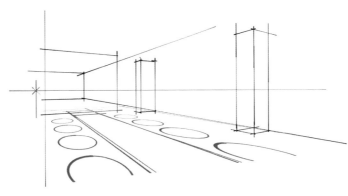

04 降低平面图的不
透明度，以便绘制正式
的线稿。

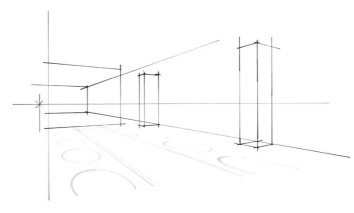

05 新建一个图层，
根据草图绘制出空间的
大致结构，这时绘制的
结构不一定很准确，只需
要确保大的关系和透视
准确即可。

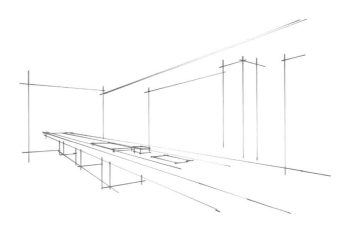

06 根据空间的结构
关系逐步细化造型。

07 完善其他造型和
结构的细节，完成线稿
的绘制。

08 调整线稿图层的
饱和度和亮度，将线条
变成黑色。

09 新建一个图层并填充颜色，注意颜色图层应该在线稿图层下面。然后绘制出天花吊顶上的木材质，注意颜色的区分和深浅变化。

10 用对应的笔刷刻画背景的肌理，注意灯光对材质的影响。然后用浅色调绘制出右边的墙体。

11 绘制出桌子的明暗关系，桌子顶部是受光面，颜色相对较浅。然后绘制出地面的基本色调。

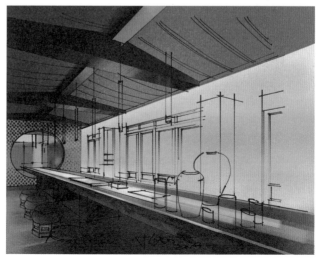

12 完善墙体的块面刻画，比如木材质和玻璃材质的处理，这时要注意图层的关系。处理大面时可以忽略前面家具对背景产生的影响，更多的是表现整体的变化，然后根据意向图一步一步地调整出理想的效果。

13 用植物笔刷绘制花朵，画的过程中笔触不能太碎。然后绘制空间中的家具，家具的颜色尽量与画面中的蓝色相协调，并注意调整整体的明暗关系。

第 13 章

在毛坯房照片的基础上
绘制设计效果图

13.1 毛坯房客厅设计效果图

13.1.1 正面毛坯房客厅设计效果图

本案例使用的笔刷

打底笔刷   木纹 3 笔刷   轮胎纹理笔刷

射灯笔刷   不规则笔刷   植物笔刷

01 到工地现场找好角度和高度，根据一点透视原理拍摄一张毛坯房客厅的照片。

视平线一般定在墙高一半或偏下的位置，也就是在地面往上 1.3 ~ 1.5m 处。

一点透视下的水平线和垂直线没有透视关系，应尽量保持线条横平竖直。

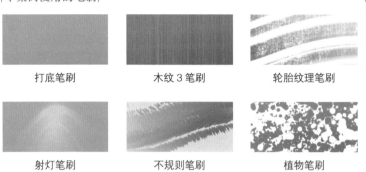

02 导入毛坯房的照片并根据毛坯房的照片画出墙体的墙角线、透视点和透视线，把墙面造型和天花板的结构交代清楚。

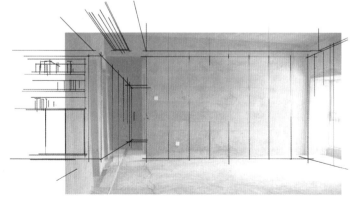

03 画完草稿后将毛坯房照片的图层隐藏，然后用"凝胶墨水笔"进一步绘制出空间的线稿。

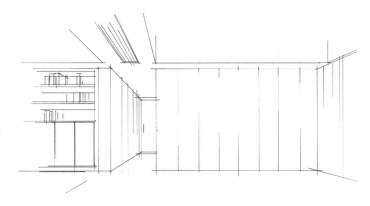

04 新建一个图层并填充颜色作为底色，然后用打底笔刷快速概括地绘制出物体的固有色，要保持画面的色调统一。

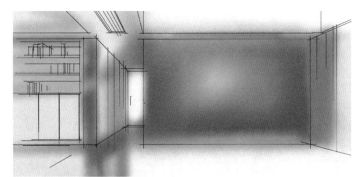

05 在绘制的底色基础上，用木材质笔刷画出墙体的哑光质感，画时一定要注意纹理的深浅变化，还需要注意色彩的冷暖搭配，然后绘制出壁灯。

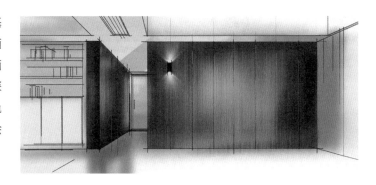

06 绘制出墙面的射灯和柜子中的灯光照射效果，然后新建一个图层，选择白色并用"凝胶墨水笔"把沙发的造型概括地绘制出来，再确定出茶几的位置，画时一定要注意比例和大小。

07 根据线稿用打底笔刷把沙发的立体感表现出来，画时要注意反光和黑白灰关系。然后用轮胎纹理笔刷概括地绘制出地毯，要表现出近实远虚的关系。

08 绘制墙面上的挂画、天花板上的射灯和绿植装饰，注意颜色搭配，要使空间整体协调统一。

13.1.2 一点透视毛坯房设计效果图

┤ 本案例使用的笔刷 ├

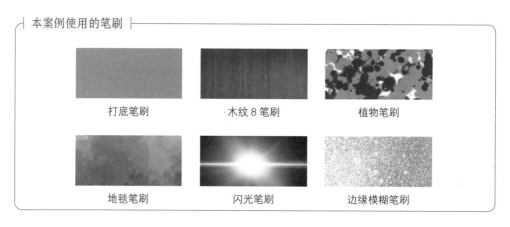

打底笔刷　　　　　　木纹8笔刷　　　　　　植物笔刷

地毯笔刷　　　　　　闪光笔刷　　　　　　边缘模糊笔刷

01 根据一点透视原理选择合适的角度拍摄一张毛坯房的照片。

02 导入毛坯房的照片并降低图层的不透明度,然后新建一个图层,绘制出空间的基本透视线。

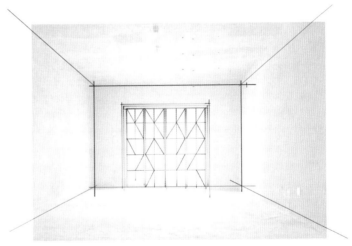

03 用几何形体的形式概括地绘制出空间造型和家具。

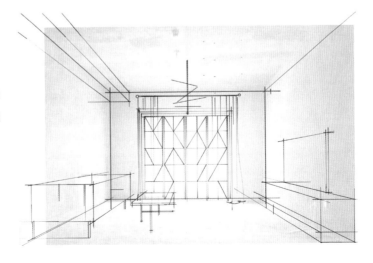

04 丰富画面中家具的造型，确定好比例和风格特征。

05 将毛坯房照片的图层隐藏，让最终的线稿图显示出来，并将多余的线条擦除。

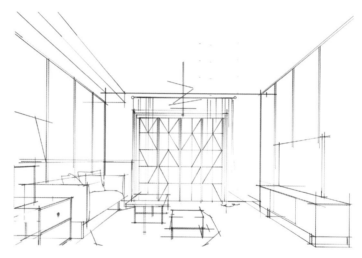

06 用打底笔刷绘制出空间的基本明暗关系。

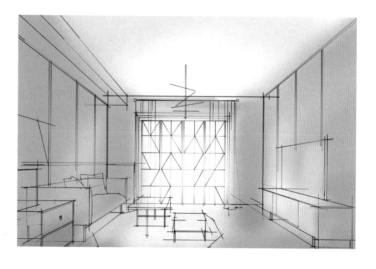

07 用打底笔刷完善墙体、天花板和地面的渐变关系。然后绘制左边的沙发、茶几和灯具，要表现出不同材质的质感。

08 用"凝胶墨水笔"画出地板的透视线，然后用大笔刷绘制地板的投影和反光，一定要表现出近实远虚的关系。

09 绘制右边的电视柜、电视和背景墙，然后用闪光笔刷为空间加入灯光效果，最后整体调整画面的亮度和对比度，完成绘制。

13.2 毛坯房餐厅设计效果图

本案例使用的笔刷

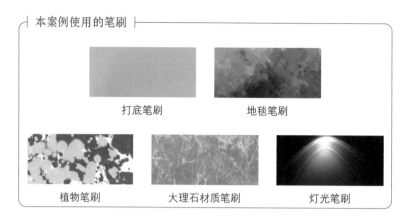

打底笔刷　　地毯笔刷

植物笔刷　　大理石材质笔刷　　灯光笔刷

扫码看视频

01 拍摄一张毛坯房餐厅的照片。

02 导入毛坯房餐厅照片并降低图层的不透明度，然后新建一个图层，分析空间结构并确定家具的位置，绘制的线条可以随意大胆一些。

03 将毛坯房餐厅照片的图层隐藏，然后把草图图层的不透明度调低，接着新建一个图层，并开启"透视辅助"功能，根据草图绘制出正式的线稿。

04 将草图图层隐藏，完善空间线稿图。

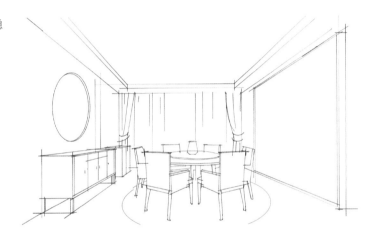

05 新建一个图层并填充颜色，注意要把该图层放到线稿图层下面，然后用打底笔刷绘制出整个空间的渐变关系，接着从左边开始刻画，先绘制出基本的形体结构，再表现质感和细节。

06 绘制出左边的壁灯，然后用打底笔刷绘制窗户和窗帘，注意刻画不透明材质和透明材质所用颜色的区别，因为受到室内灯光和室外阳光的影响，各种材质的颜色都会有深浅变化。接着绘制出右边墙体的造型。

07 开始刻画地面，先用打底笔刷绘制出地面的渐变关系，把地面上物体的倒影表现出来，然后绘制出大理石纹理。

08 用打底笔刷绘制出餐桌和椅子的明暗关系，然后把地毯的质感表现出来，接着调整玻璃的反光，最后绘制出植物装饰品。一定要抓住主体深入刻画，要体现出主次关系。

13.3 毛坯房卧室设计效果图

本案例使用的笔刷

打底笔刷

地毯笔刷

皮革笔刷

窗帘笔刷

植物笔刷

灯光笔刷

扫码看视频

01 选择合适的角度拍摄一张毛坯房卧室的照片。

02 导入毛坯房卧室的照片并降低图层的不透明度，然后新建一个图层，分析室内空间结构，同时确定家具的位置。

03 根据草图绘制出最终的线稿。

04 新建图层并填充颜色，然后用打底笔刷绘制出空间的基本明暗关系。

05 绘制出床头背景墙的质感，然后绘制壁灯和射灯，注意把握好透视关系。接着用大色块概括地绘制出窗帘。

06　根据基本的明暗关系绘制出地面的质感，再采用垂直运笔的方式绘制反光。

07　绘制床体，注意色彩搭配和颜色的深浅变化。

08　完善床体的细节刻画，使画面的主体更明确。然后绘制地毯和植物装饰，最后绘制出地板上的高光。

13.4 毛坯房过道设计效果图

本案例使用的笔刷

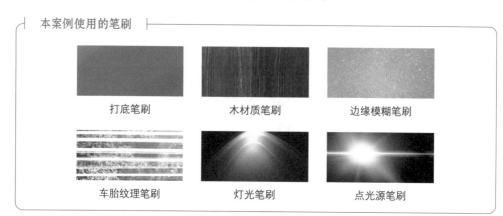

| 打底笔刷 | 木材质笔刷 | 边缘模糊笔刷 |
| 车胎纹理笔刷 | 灯光笔刷 | 点光源笔刷 |

扫码看视频

01 先拍摄一张毛坯房过道的照片。

02 导入毛坯房过道的照片并降低图层的不透明度，新建一个图层，并用线条概括地绘制出空间的大框架。

03 完善空间结构，明确不同区域的造型。绘制时不要太拘谨，把握好基本的比例关系即可。

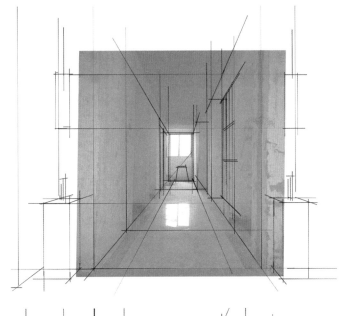

04 隐藏毛坯房照片的图层，然后把草稿图层的不透明度调低，接着新建一个图层绘制出最终的线稿图。

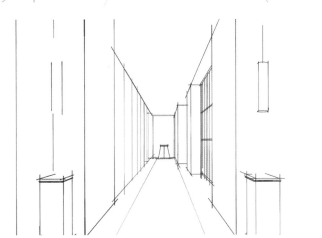

05 再新建一个图层并填充颜色，目的是为了让整个画面的色调更协调、统一。

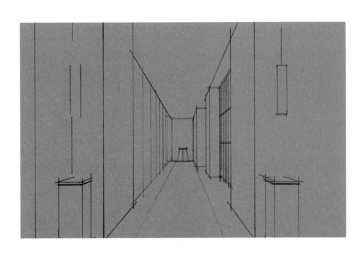

06 根据物体的固有色和灯光效果，用打底笔刷绘制出基本的明暗关系。

07 刻画前面的木材质时，要考虑好颜色的上下渐变关系，然后用木材质笔刷绘制出纹理。

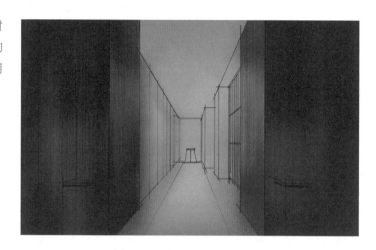

08 刻画中景和远景的木材质的质感，画时一定要注意近实远虚的空间关系。

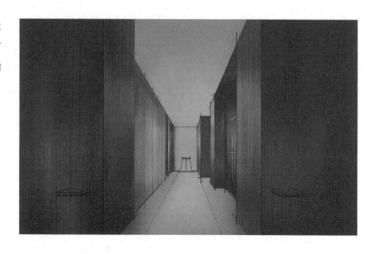

09 概括地渲染出墙面的射灯、地面的反光和地毯，然后画出远景的墙面造型和装饰柜。

10 绘制出前景的雕塑和灯光效果，最后调整画面细节，以增强空间感。

13.5 方案改造设计效果图

本案例使用的笔刷

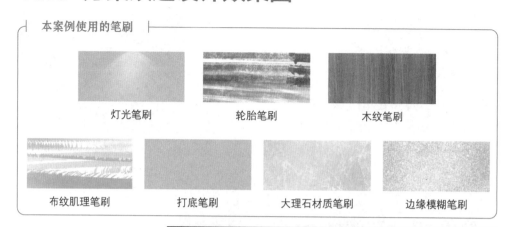

灯光笔刷　　　　　　　　轮胎笔刷　　　　　　　　木纹笔刷

布纹肌理笔刷　　　　打底笔刷　　　　大理石材质笔刷　　　　边缘模糊笔刷

01 选择合适的角度
拍摄一张原空间的照片。

绘图指引

02 导入原空间照
片，开启"透视辅助"
功能，找出原空间照片
中灭点的位置。

03 降低原空间照片的不透明度，然后根据透视原理勾画出基本的框架结构。

04 完善设计草图，并加以推敲、分析。

05 根据设计草图绘制出正式的线稿。

06 完善空间结构，完成改后方案空间线稿的绘制。

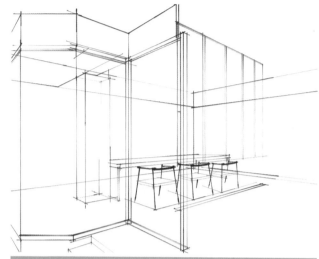

07 新建一个图层并填充颜色，然后用边缘模糊笔刷绘制出墙体的基本渐变颜色。

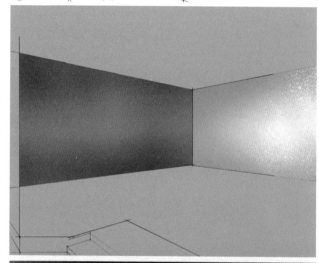

08 把天花板和地面的渐变关系及整体空间的基本色彩倾向表现出来。

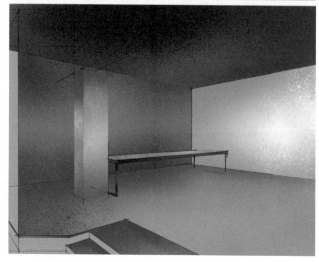

09 刻画家具。画家具的过程中要考虑好光源，把握好明暗关系。

10 绘制出灯光效果，然后刻画地面的纹理，注意纹理的走向。

11　刻画玻璃材质。在刻画玻璃材质时要注意它的色彩倾向，要遵循"上下暗、中间亮"的规律。

12　调整画面整体的黑白灰关系，最后加入高光，完成绘制。

第 14 章

iPad 室内设计手绘
作品欣赏

学员创设作品

学员杨媛棋作品

学员张雯杰作品

学员熊辉作品

学员边超作品

学员张雪作品

学员熊辉作品

学员刘杰聪作品

学员赵孟林作品